ミミズの謎《なぞ》

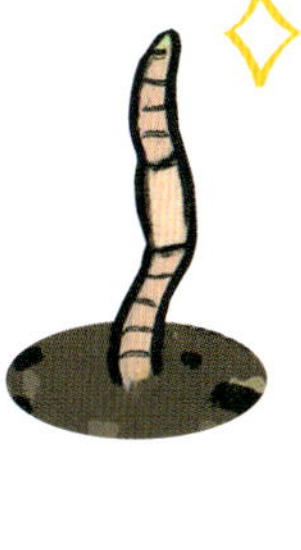

はじめに

みなさんはミミズは何種類いると思いますか。田んぼにいるイトミミズと釣り餌に使うミミズ、畑や山などの土の中にいるミミズの３種類くらいだと思っていませんか。私もミミズの研究を始める前まではそう思っていました。しかし、ふと思い立ってミミズの謎を調べ始めたら、様々な種類のミミズがいることがわかってきました。

日本には陸に棲むミミズだけで50種以上のミミズがいます。世界には８０００種以上いるといわれています。さらに新種が次々に発見されているので、おそらくその数倍はいるだろうといわれています。大きさも数㎜から数ｍもの巨大なミミズもいます。

また、森や畑だけでなく湖沼《こしょう》や海、さらには氷河にもいます。ミミズは大地を耕し、土を作り、そして他の生き物の食料になるなど、私たちにとってかけがえのない生き物だということがわかってきました。

私がミミズの研究を始めたきっかけは「ミミズの干からび」です。毎年夏になると、道路でミミズが干からびているのを見かけますが、なぜ夏の暑い時にわざわざ道路に出て干からびて死んでしまうのかが奇妙に思えたのです。

この謎を調べるうちに、次から次へと謎が広がり深まっていきました。このミミズの謎を解き明かしてきた道のりをご紹介します。

目次

コラム

1章

干からびミミズの謎

ミミズ研究の始まり

ある日、いつもの通勤路を歩いていると、路面に干からびているミミズを見つけました。今から考えると、そこから私のミミズの研究が始まりました。

それまで私がミミズに対してもっていた印象は、気味のよいものでもないけれど、土を耕してくれている生き物と思えば、好ましくも思えるやつ。「縁の下の力持ち」だなあ、と思う程度でした。通勤路で見たミミズは、自家菜園《じかさいえん》で使うための堆肥《たいひ》用の落ち葉の中にいる種類とは、少し違っているようでした。ミミズにも種類があるのかと、妙に感心したのです。

本来は地面の下にいるはずの彼らが、たくさん路面に出てきている。干からびてしまっているものもいます。同じ道で出会うものでも、ウグイスの鳴《な》き声なら、ああ、春だなと思えるのですが、ミミズは、なぜ路面に出てくるのだろうと不思議《ふしぎ》に思えたのです。

地面で干からびているたくさんのミミズ。

1999年5月のある日、この「なぜ」が頭から離れなくなっていました。わからないままにしておくと、胸がむずむずしそう。

こうして、私のミミズ研究が始まりました。

ミミズを数える

ミミズがたくさん出てくるのは、何か法則があるのではないか。ミミズを毎日数えて記録してみたら、法則がわかるのではないか、と私は考えました。

ミミズは通勤路で毎日観察《かんさつ》できるので、自分で確かめることにしました。そこは、神奈川県鎌倉市にある小さな森が切り開かれてできた道路です。石垣《いしがき》で土留《どど》めされ木々に囲まれていて、アスファルト舗装《ほそう》された2車線の車道と、幅2m弱の歩道が通っています。毎年夏になるとミミズが路面で干からびているこの場所を、ミミズ観察地とすることにしました。

ミミズを見つけては、その数を手帳につけていく日々が始まりました。

観察する範囲は、歩道の幅が1.67m、長さが268m、面積は約450㎡、普通に歩いたら5分程度で通り過ぎる距離です。

ミミズを数えていると、時折ミ

神奈川県鎌倉市の観察地。

完全に干からびているミミズもいれば、
まだ動いているものもいる。

ミズだけでなく人間にも出会ってしまうことがあります。初めは（とりわけ暗い朝など）あやしい人物と思われたくなかったので、人間とすれ違う時は「普通に歩いていますよ」というそぶりをしていましたが、だんだんもの怖《お》じしなくなっていきました。

観察を開始して最初に考えたことは、ミミズの数え方です。数え方といっても「匹」か「本」か「尾」か、ということではなく（ちなみに私は、1匹、2匹、と数えますし、1個体、2個体という場合もあります）、生きているものと死んでいるものを区別するかどうかです。

まず、生きていて地をはって動いているミミズと、動きはないが干からびてもいないミミズの数を数えました。観察は毎日、朝の6時頃に行いました。たまに見かけるカラカラに干からびているものは、前日に出てきていたものかもしれず、ダブルカウントしてしまう可能性《かのうせい》があるので数えないことにしました。1年中、夏も冬も毎日のように数えました。たくさんのミミズがいる日もあれば、全然いない日もありました。やはり何か法則がありそうです。記録を集計してみることにしました。

1年間で記録した数は446匹、生きていたものが194匹、死んでいたものが252匹でした。道に出ていたミミズの最高日は7月9日で38匹。こんな日は、歩数にして20歩くらい（約10m）の場所に集中していました。踏まないように歩くには、注意を要するほどです。集中する場所は、日によって変わっていました。

毎日の観察記録をグラフ（左ページ）にしてみました。毎日のミミズの数を縦軸《たてじく》に、横軸《よこじく》に年月を入れました。やはり、6～7月が群を抜いて多いことがはっきりわかります。この年だけの傾向かもしれないと考え、翌年も記録しデータに加えてみると、やはり6～7月に集中しています。9月にいったん減り、また10月に小さ

見つけたミミズの数

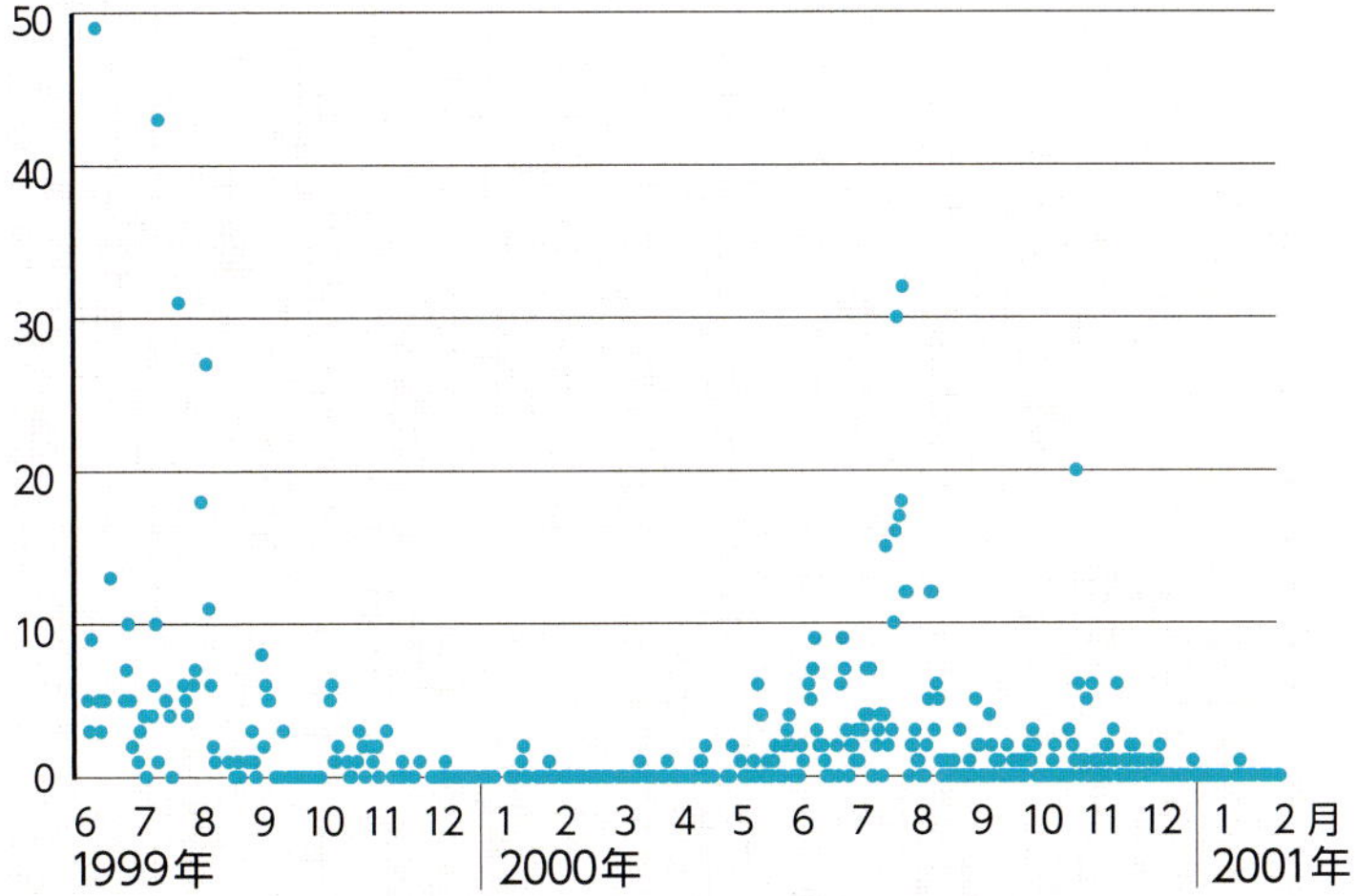

な山がありました。観察は実際に数字を記録していくことが大切です。人間の感覚や記憶は不確《ふたし》かです。「多い気がする」「少ない気がする」といった感覚だけでデータをとらずに議論をしても、それは科学ではないのです。

　鎌倉市の歩道にいたミミズで最も多かったのは「ヒトツモンミミズ」です。背は赤褐色《せっかっしょく》で腹側は黄色みがかっていて、体長は15～20㎝ほどです。体節ごとにスジが入っている「フトスジミミズ」も時折集団で出てきていました。「ヒトツモンミミズ」よりやや小型の「ハタケミミ

ヒトツモンミミズ

フトスジミミズ

アオキミミズ

ズ」や「アオキミミズ」も観察できました。

ミミズは同じ種類でも個体差《こたいさ》があり、体長も体色もばらつきがあります。慣れるまでは種類を見分けるのが難しかったので、歩いているミミズをつかまえては、じっくり見ました。その場で判断《はんだん》ができない時はミミズを家に連れて帰り、虫眼《むしめ》鏡《がね》や顕微鏡《けんびきょう》で詳《くわ》しく観察し、図鑑や資料と見比べながら種類を特定していきました。この作業は同定《どうてい》といいますが、外見だけではわからず解剖《かいぼう》が必要な場合もあります。実は、ミミズは解剖しないとわからない場合のほうが多いのです。

ミミズはどんな生物？

最初に書きましたが、ミミズにも様々な種類がいます。あたりまえのようですけど、私にとっては「いろいろな種類がいる」というのが大きい発見でした。普段の暮らしでは、どの種類もみな「ミミズ」といえば用が足りていたからです。

しかし、よくよく観察していくと、それまでは見えていなかった「違い」が見え始めてきます。例えば野鳥にしても、スズメしかいないと思っていた庭にも、よく見るとシジュウカラやメジロ、ウグイスなどいろいろな鳥がやってきていることに気づくことと同じです。道端《みちばた》に生えている植物も観察することで、様々な種類があることがわかってきます。ミミズも同じです。ただ、鳥や植物などと違い、ミミズは違いがわかりにくいのが難点《なんてん》です。観察をしながら、なんとか種類を見分けて名前がわかるようになろうと勉強しました。

そもそもミミズは、海洋から高山や氷河にまで進出しています。食べるものも様々ですが、陸生のミミズは地表に堆積《たいせき》した落ち葉を食べるものや、土壌《どじょう》を食べ、中に含まれる有機物《ゆうきぶつ》を栄養としているものもいます。春に生まれて夏に卵を産み、翌年の春までには死ぬ一年生のミミズや、数年は生きる多年生のミミズもいます。

昆虫《こんちゅう》やクモ、ムカデ、ダニなどは動物の分類で節足動物門《せっそくどうぶつもん》に属します。これらにはミミズのように体に節があり外骨格《がいこっかく》といわれる硬《かた》い骨格があります。さらに付属《ふぞく》

プラナリアには、ミミズのような体節はない。

肢《し》といわれるミミズにはない足があります。一方、プラナリアやコウガイビルなどの扁形動物門《へんけいどうぶつもん》に属する動物は細長く足や骨格はありませんし、ミミズのような体節《たいせつ》もありません。

ミミズは環形動物門《かんけいどうぶつもん》に分類されています。以前はこの環形動物門は、ゴカイなどの多毛綱《たもうこう》、ミミズの貧毛綱《ひんもうこう》、そしてヒルなどのヒル綱《こう》の3つに分類されていましたが、最近の分子系統解析《ぶんしけいとうかいせき》ではミミズとヒルは環帯綱《かんたいこう》にまとめられ、それぞれ貧《ひん》毛亜綱《もうあこう》とヒル亜綱《あこう》としています。さらに最新の研究では、環形動物はすべて多毛類から派生しているという結果も出てきており、環形動物の分類はこれからも研究が進むにつれ大きく動きそうです。

ミミズの最大の特徴は体節が多数連結《れんけつ》して細長い体が作られているということです。足がないので、この体節を伸縮させ移動するのです。これを蠕動運動《ぜんどううんどう》といいます。体表は分泌液《ぶんぴつえき》でヌルヌルしていますが、実は剛毛《ごうもう》といわれる毛が生えていて、種類によってこの生え方が違います。

ミミズは雌雄同体《しゆうどうたい》で、普通は1匹のミミズにオスとメスの両方の生殖器官《せいしょくきかん》をもっています。それでも多くのミミズはお互いに精子《せいし》を交換し、それで受精《じゅせい》しています。このように精子や卵子《らんし》を製造したり貯蔵したり受け入れる器官を備えているのです。

ミミズには環帯があります。体の中央部より前に帯状の輪で襟巻《えりまき》のように巻いたり馬の鞍《くら》のようになったりしているものが環帯で、分泌物を出す細胞《さいぼう》が集まっています。ここから出された分泌物が筒状に固まり押し出され、両端がすぼまり卵包《らんぽう》になります。押し出される前に精子と卵子がここに入れられ、受精した胚《はい》が

ミミズの全身。体の中央より前に太い帯状の環帯がある。

卵包内で成長し、やがて子ミミズとなって出てきます。

ミミズには神経節《しんけいせつ》といって脳ともいえるものがあります。そこから神経が張り巡《めぐ》らされています。したがって決して下等な動物というわけではありません。そして私たちのような目といえるものはないのですが、光を感じる細胞は体中にあり、特に前のほうに集中しています。

食べたものは口から入り、胃《い》や腸《ちょう》などの消化器官を通り肛門《こうもん》から排出《はいしゅつ》されます。また、心臓《しんぞう》と血管《けっかん》があり酸素と栄養を運んでいます。呼吸は濡《ぬ》れた体表面から酸素を取り入れて皮膚呼吸《ひふこきゅう》をしています。ですから体表面が乾燥してしまうと呼吸ができなくなり死んでしまいます。

ミミズの体表面は常に湿っている。

ミミズの形態

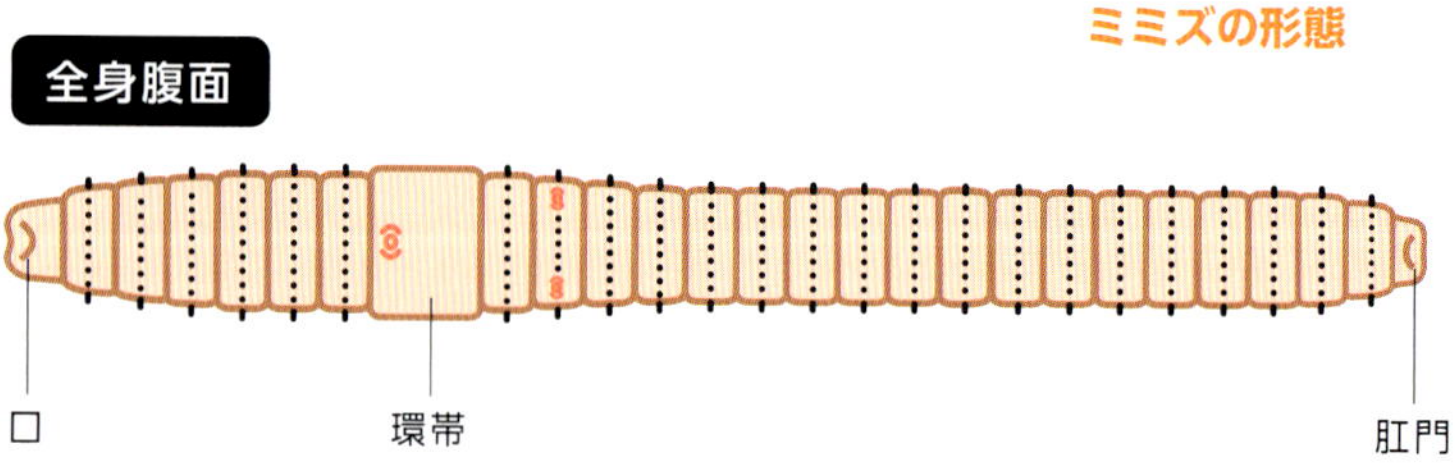

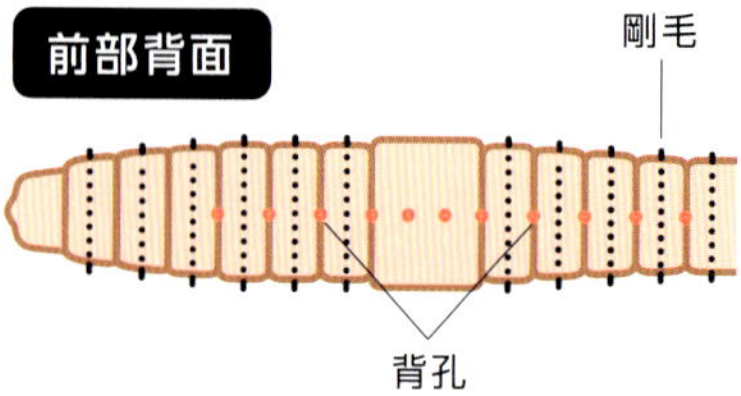

ミミズの身ぶり身のこなし

ミミズは意外と器用で、地表を移動する時の身ぶりも大きく分けて3パターンあります。

最もよく見る動きは、体を伸び縮みさせて進む方法です。太くなるところを足がかりにして、前のほうが細くなり前へ進む。今度は前のほうが太くなり後方はそれに引っ張られる、というように伸びたり縮んだりして前へ進みます。この方法で後退もできるのです。

しかし、体の伸縮だけでは土の上をすべってしまい、進まないのではないかと思うでしょう。実はミミズは剛毛という毛をもっています。名前のとおり硬い毛を出したり引っ込めたりできるしくみで、地面に引っかかりを作っては、前に進んでいるのです。

試しに紙の上で移動させると、カサカサと音がします。これが剛毛の引っかかりの音なのです。

２つ目はヘビと同じようにクネクネと蛇行《だこう》して移動します。草むらや枯れ葉の上はこの方法ですばやく動きます。曲げた体を左右に打ち当てながら、地面を押すように進みます。この時剛毛は使っていない（引っ込めている）ようです。

３つ目は、歩き方というより走り方といったほうが適切かもしれません。つかまえられそうになった時に、ピンピンと飛び跳《は》ねて逃げて行きます。はげしい動きなので、こちらもびっくりします。目をこらすと釣り上げた魚のように、右に左に体をそらして跳ねているように見えます。実は体をそらしているだけではなく、首を回すように体全体を回転させています。この動作によって伸縮や蛇行よりすばやく移動していくことができるのです。

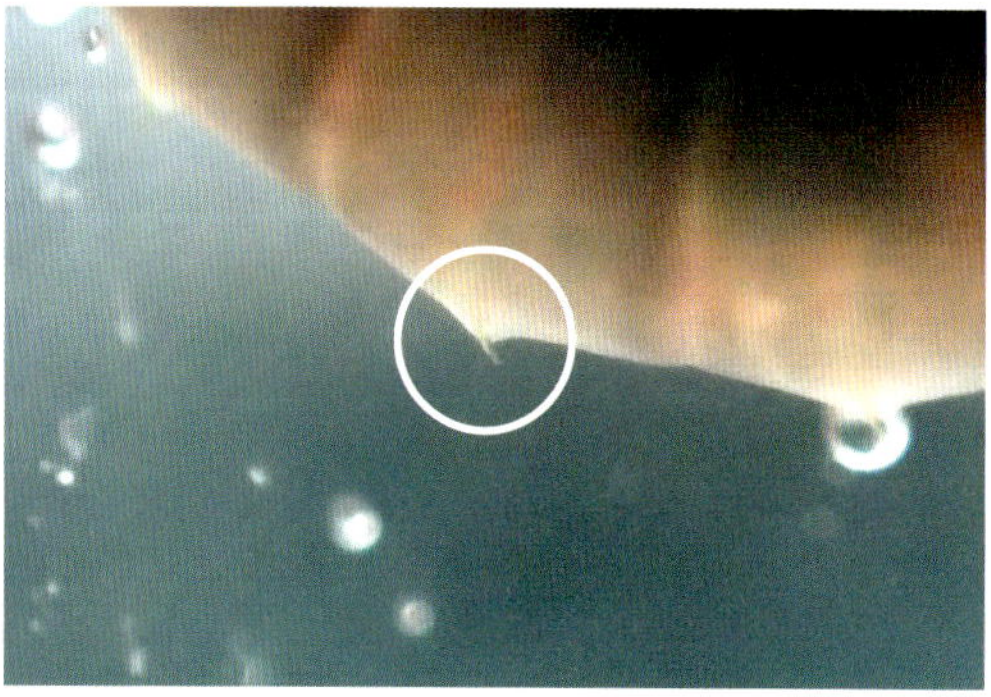
剛毛を地面に引っかけて移動する。

ミミズは体の縦方向の筋肉（円環状にならんでいるものとは別に、前後に縦に走っている筋肉）があり、これを順番に伸び縮みさせることで、体をしならせているようです。

超スピードで逃げるミミズ

移動のためではないのですが、とてもすばやいミミズの動きがあります。それは巣《す》孔《あな》から体半分くらいを出している状態から、引っ込む時です。

皆さんも経験があると思いますが、巣孔から体を出しているミミズをつかまえようとすると、あっという間に引っ込んでしまって、なかなかつかまえることができなかったことはありませんか。

私はこのスピードを測れないものかと考えました。

ひらめいたのはビデオに撮って時間を割り出す方法です。東京都の新宿四谷で、夜のミミズを撮影しました。ここは春になると桜の花見でにぎわう公園の中です。引っ込む距離がわかるように、メジャーをそっとミミズに平行に置いてから、ミミズを刺激《しげき》し巣孔に引っ込む様子を撮影しました。それをビデオ編集ソフトで計測するのです。

その結果、最も速かったミミズは、距離3cmを巣孔に隠れるのに0・13秒でした。秒速にすると22・5cmです。

ヒトの反応速度は赤信号を見てからブレーキを踏むまでが0・8秒くらいという測定結果があります。だとすると、ミ

ミズに0・13秒で引っ込まれては、つかまえたくても難しいですね。

穴の掘り方

私は、ミミズの研究を始める前までは、ミミズの地中での進み方は、土を食べながら掘り進み、お腹にたまった土は時々地表にふんとして出しに行くと思っていました。しかし、観察してみると違っていました。

ミミズにとっては、地中こそが自分の生きる世界のようで、観察のために地表につれ出しても、すぐに穴を掘って地中に入っていきます。体の先端《せんたん》を細くとがらせ、地面のやわらかそうなところや割れ目をちゃんと探しています。そして力ずくで先端を地面に突きさします。少し進むと、今度はその細くした先端部をふくらませているのです。ふくらませて土を押し広げ体の幅より広めのトンネルにするのです。

そして、このトンネルを「足がかり」にして、また先端を細くとがらせて突き進む……このくりかえしで、ぐんぐん土の中を進んでいきます。トンネルの壁はミミズの体液でぬり固められているようです。向きを変える時は巣孔から地表に少し体を出してすぐにUターンし、二つ折り状態で巣孔にもぐっていきます。

ミミズは壁を登る

ミミズといえば、地面をはっていく……つまり水平方向に動く印象をもっている人が多いと思います。ところが、時には垂直な壁も登ることができるのです。

例えば体長4～5㎝くらいまでの小さなミミズであれば、ツルツルの壁をらくに登っていきます。もっともこれは、水滴のついているところに限ります。水の

地表で体を折り返し、再び巣孔に戻るミミズ。

付着力《ふちゃくりょく》（表面張力《ひょうめんちょうりょく》）を「足がかり」にのぼっているのです。

私の育てているヒトツモンミミズは、プラスチックのバケツ型の容器に入れているのに、時々集団でいなくなってしまいます。土の温度や濡れ具合が気に入らない時らしいのですが、逃げて容器の外のすぐ脇《わき》の地面にかたまっていたりします。垂直の壁をこともなげに（多分）登って脱走してしまったのです。

石垣を登るシーボルトミミズ。（写真：廣田隆吉　撮影地：高知県高岡郡佐川町）

シーボルトミミズは、春になると山を登り、秋には山を下りるという暮らしをしています。彼らが山を登っていく時には、クネクネと体を曲げて岩や落葉に引っかけながら進んでいきます。かなり急な斜面を登っては落ち、登っては落ちながら進んでいき、石垣さえも登ろうとするのです。

ミミズの1年間の暮らしぶり

道路に出ているミミズの数を数えるだけでなく、そのミミズの暮らしぶりや成長の過程なども観察してみました。

1月

この時期、地表に現れるミミズの数は少ないです。観察地近くで見たミミズは、頭部より3分の1は通常の太さですが、後ろの3分の2は細くなっていて、ほぼ寿命がきているようでした。このミミズを発見した時の地中温度は3・5℃。この時期では、ほとんどのミミズは死んでしまいます。観察地としていた土がたまっている側溝《そっこう》では、真冬でもいろいろなミミズを発見できました。また、ミミズの卵包らしきものがありました。

2~3月

成体（親）のミミズを見ることはなくなりますが、夜間、枯れ葉の下を注意深く観察すると、体長2~3㎝ほどの幼体（子供）のミミズを観察できるようになります。

4月

体長3~4㎝ほどの子ミミズが、夜間に岩や地表の割れ目から体を乗り出し、何かを食べている様子を見ることができます。

5月

子ミミズは体長4~5㎝に成長。夜間に岩や地表の割れ目から周りのコケのような植物を食べているのがわかりました。この時期でも、まだ環帯のできているミミズはいません。

6月上旬

この時期になると、環帯ができた成体を多く見るようになります。幼体や亜成体（大人になりかけている子ミミズ）もよく見かけました。

6月下旬

道路への徘徊《はいかい》が始まります。

7月

いろいろなミミズが徘徊します。

8月

路面の徘徊は8月下旬を過ぎると少なくなります。

9月

ごくたまに少数の出現がある程度です。

10~11月

出現はほとんどなくなりますが、枯れ葉の下に比較的大きなミミズがいることもあります。また、この時期には枯れ葉の中で朽《く》ちているミミズもよく見かけます。夏はアリなどが片付けているのですが、冬では、もっと小さい線虫のような生物によって分解されているようです。

12月

土の中では、まれにミミズの成体を見ることがありますが、幼体のミミズは発見できません。ミミズが道路に出ていた時期は親になったか、または、なりかけの時期であることもわかりました。

ミミズの徘徊理由は？

さて、ミミズの地表徘徊に戻りましょう。これについては、昔から多くの動物学者も気になった現象のようです。文献《ぶんけん》を探してみると、様々な調査や研究がありました。

代表的なものは二酸化炭素《にさんかたんそ》が原因しているという説で、『新日本動物図鑑・上巻』（北隆館）には、雨水が土にしみ込むと土の酸素が失われ二酸化炭素が増えることから、ミミズが地表に出てくる、と書かれています。ちなみに、この本の初版は大正15年（１９２６年）となっており、日本のミミズの本としては古いものです。

最近のものでは、２００２年に杉泰昭《すぎやすあき》氏が雨上がりのミミズの一斉行動《いっせいこうどう》について論文にまとめています。雨上がりの晴れた日には、土壌呼吸量あるいは炭酸《たんさん》ガス濃度が増えるので、それに反応したミミズが地表に出てくる、という研究結果でした。いずれも、降雨により土壌中の二酸化炭素が増え、苦しくなったミミズが地表に出てくるというものです。文献は大変勉強になりましたが、私の観察結果では、ミミズが地表に出てくるのは雨上がりとは限らないのです。過去の研究ではまだ発見されていない未知の原因があるのか、もしくは観察方法が間違っているのか……。視点を変えて、さらに観察を続けることにしました。

いろいろな気象データとの関係を調べる

すでに知られた通説や研究では解明できないならば、自分で確かめるしかありません。大変そうですが、新しい発見ができるかもしれないので、私はワクワクしていました。

雨以外にミミズが地表に出てくる原因は何か。他の気象条件ではどうだろうか。

私は、出現数が多い時、少ない時と連動した気象データはないか調べ始めました。使用するデータは、気象庁で公表されているアメダスデータや鎌倉市にある神奈川県立フラワーセンター大船植物園が発表していたデータなどを用いました。観察日当日と前日の気象も影響しているかもしれないと考え、前日のデータとも比較しました。

データは降水量、平均湿度、最高湿度、最低湿度、最高湿度と最低湿度との差、気圧、前日との気圧差、平均気温、最高気温、最低気温、平均気温と最高気温との差、積算日射、日照時間、平均風速、最大風速等で、比較は相関値《そうかんち》を求めるようにしました。これらのデータを毎日チェックして、パソコンの計算ソフトに入力します。データがまとまってきたところで、いよいよ相関値を算出します。

結果は、気圧と太陽照射が高かった日の翌日で、しかも安定している気象の時にミミズが地表に出てくる傾向にありました。しかし、データとしては、相関があると断定するには低すぎる値でした。これでは、ミミズの出現とここで調べた気象データは関連がない、ということになります。大変な思いをしてデータを集め続けたにもかかわらず、今ひとつの結果に私はうなだれるしかありませんでした。

ふりだしに戻ってしまった私は、記録表をもう一度見直してみました。

大量出現のピークは、ほぼ月2回、2週間ごとです。ここで私は、それが月の周期と重なることに気がつきました。月と生き物の関係はよく耳にすることです。ミミズにもその可能性はあるかもしれません。私はさっそく月の周期とミミズの出現数を表すグラフを作ってみました。

月の周期とミミズの出現

ミミズが地表に多く出現した日の月齢《げつれい》を調べてみると、想像していた満月や新月のタイミングではなく上弦《じょうげん》の月と下弦《かげん》の月の頃でした。34ページのグラフは、月齢別にミミズの出現数を並べたものです。月齢7の前後と、月齢22前後がピークになっ

月齢とミミズの出現数

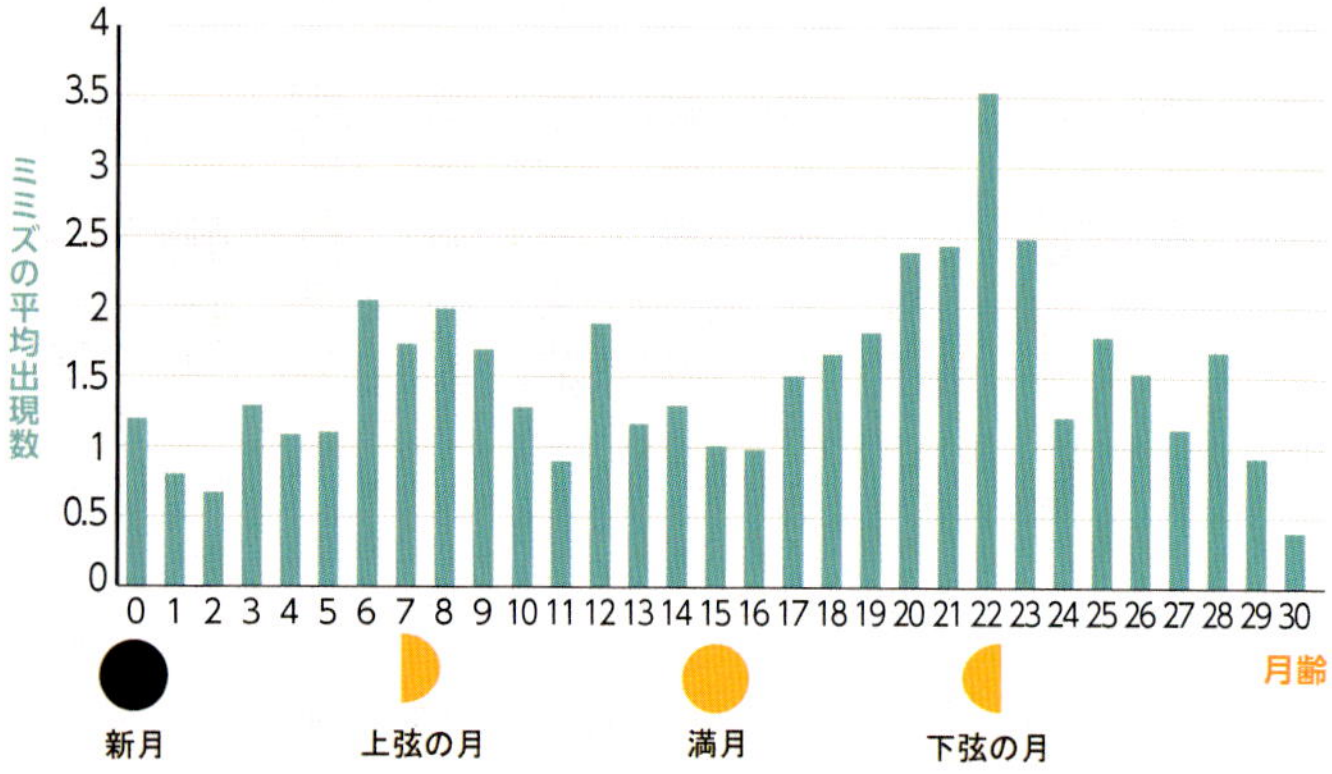

ています。さらに、下弦の月である月齢22前後が最も多く、出現しているのが見て取れます。このように私が観察している場所では、ミミズは毎年の出現が月の周期に合わせて上弦と下弦の日にピークとなり、下弦のほうがより多く出現していることがわかりました。

さらに数年間、同じように観察を続けました。するとミミズは下弦の日をピークに地表を徘徊するだけでなく、1年に1回、ある下弦の日が出現の最大になることもわかってきました。

このことは色々な文献を調べてもどこにも見当たりませんでした。新発見かもしれない、という喜びとは裏腹に、謎は深まるばかりです。なぜ下弦の日に地表を出歩くのか、どうして下弦の日がわかるのか、大きな謎が立ちはだかりました。

ミミズはどうやって月齢がわかるのか

土の中にいるミミズはどうやって月のリズムがわかるのでしょうか。月の動きによって環境が変化する現象を思いつくままあげると、潮位、重力の変化、夜中の明るさ、微弱振動《びじゃくしんどう》、プレートの上下、地下水位、土中のメタンガス濃度など……。これらを理解するには、さらなる勉強が必要です。この大問題を抱え込んでから、私は暇《ひま》を見つけては生き物の生態の本や論文を読みあさりました。たくさんの文献を読む中でアカテガニの話を見つけました。アカテガニとは、サルカニ合戦のモデルになったカニで、7〜8月の大潮《おおしお》の頃に大挙して山から下りてきて、満潮《まんちょう》の時に子供（幼生）を海に放ちます。このアカテガニの生殖活動《せいしょくかつどう》は月の明るさが関係している、というのです（写真下）。

また、西ヨーロッパの潮間帯に棲むウミユスリカという虫の羽化《うか》は、大潮の日の夕方にだけ起こります。これについてはドイツのD・ノイマンという研究者が人工月光を与える実験をしていて、この虫が概日時計《がいじつどけい》（註）と月の満ち欠けを読んで羽化する時刻を決めているとつきとめています。

ミミズもこれらの生き物のように、月明かりを測って地表に出る日を決めているのかもしれません。しかし、ミミズには「目」がありません。それならば、どう

アカテガニの放仔（ほうし）。

やって月明かりを測っているのでしょうか。

いろいろな文献を調べていくと、ミミズの「走性《そうせい》」に関する研究に出会いました。走性というのは、夜の暗闇の中で明かりに虫が集まってきたりするように、ある刺激に対して、その刺激に向かったり遠ざかったりして反応する性質のことです。

ミミズの走性には、光、重力、電気があるといいます。光の走性については、強い光には負の走光性《そうこうせい》（逃げる）、弱い光には正の走光性（向かっていく）があります。重力には、正の走地性《そうちせい》、電気に対しては陽極への正の走電性《そうでんせい》が確認されています。

走性があるということは、重力や電気の変化を感じる器官か組織をもっている、と考えられるわけです。月と地球、太陽との位置で変化している潮汐力《ちょうせきりょく》を感じることもできるかもしれません。また、電磁場《でんじば》が月の位置で変化するのを感じとって行動する、という考えもまったくないともいいきれません。

（註）概日時計とは、生物が体内にそなえていると考えられる時間測定のしくみで、おおよそ1日の周期で生命現象を変動させる。

月の位相に合わせて群れて行動するミミズの親戚

ミミズの親戚《しんせき》といえるミミズと同じ環形動物の仲間に、月に関係した行動をとる生き物がいました。私は、これを手がかりにできないかと考えました。

この環形動物は3つに分類されています。1つはミミズ類。他は、ゴカイ類とヒル類。ちなみに、ミミズ類は、ゴカイ類が進化の途中で陸に上がったもの、という説もあります。このゴカイ類には、月の位相《いそう》（満ち欠け）に合わせて大量に群れて泳ぐ現象がある、といわれているのです。

ゴカイ科の環形動物のイトメは、砂泥中で生活している個体が成熟してくると、10～11月の大潮の夜に雌雄《しゆう》の体の前方3分の1がちぎれ、生殖物

（オスは精子、メスは緑色の卵）を充満させて泳ぎだし、生殖群泳《せいしょくぐんゆう》するそうです。

その他のゴカイの生殖時期は種によって異なり、新月後と満月後の数日間に大きな群泳が見られ、月齢、潮位、天候などに大きく影響を受けるということです。

また、別の資料にも記述があって、それによると、6～7月の下弦の月の頃に生殖群泳をすると書かれており、ますますミミズにそっくりなのです。

生殖活動に月周リズムのある生き物は他にもたくさんの研究があります。ざっと見ただけでも、南カリフォルニアのトウゴロウイワシ科のグルニオンという名の魚、日本にいるクサフグ、その他サンゴ、ウニ、イタヤガイ、ゴカイ科のツルヒゲゴカイ、等脚類《とうきゃくるい》というう分類のヒメスナホリムシなどがありました。最近では長く謎だった日本ウナギの生態として、新月の数日前に産卵するということが報告されています。

ミミズはメスだけで子ができるか

他の生物では月齢に合わせた行動の多くが生殖に関係していることがわかりましたが、ミミズの場合はどうなのでしょうか。これだけ例があると、ミミズたちに「夏の下弦の月になったら地表に出てデートしようね」という約束がある、と想像したくなってしまいますが、まだ証拠がないので、あくまで推論でしかありません。そもそも、観察したミミズには成熟した大人ばかりでなく子供もいたことから、何か他の理由の可能性もあることになります。

多くのミミズの種は、1個体に、オスの生殖器官の雄性生殖孔《ゆうせいせいしょくこう》とメスの生殖器官の雌性生殖孔《しせいせいしょくこう》の両方をもっています。そして、別の個体から精子をもらっています（ミミズの場合は交尾といわず交接といいます）。ところが、ヒトツモンミミズなど観察地のミミズは、オスの生殖器官がなく、ほとんどメスだけなのです。さらに、アオキミミズでは、雄性生殖孔をもつものは0％（石塚小太郎氏による）というのです。

ほとんどメスしかいないヒトツモンミミズなど観察地でのミミズの場合、地表に出るのは生殖のためなのかどうか、飼育して確かめることにしました。メスとオスと関係なしに単独で新しく自らと同じ種に属する個体を作る単為生殖《たんいせいしょく》ならば、メスだけで子を増やすことができるので、わざわざ出会いのため地表に出るデート日を決める必要はないからです。

まず夏にミミズを1匹ずつ別々の飼育袋に入れ、卵を産ませます。この時点ですでに野外で交接しているかもしれません。そこで、その年の秋にこのミミズが産んだ卵をさらに1つずつ別々の飼育袋に入れ、春の孵化《ふか》を待ちます。こうして生まれたミミズを1匹だけ入れた飼育袋で育て、翌年に卵を産んでいるか実験しました。つまり交接することなく子が生まれるかを確かめたのです。

あしかけ3年の3世代目でやっと結果がわかる大変な飼育実験でした。実験に使ったミミズはヒトツモンミミズ、アオキミミズ、ハタケミミズ、フトスジミミズ、ツリミミズで、どれも観察地にいたミミズたちです。

　時々確認のためたくさんの飼育袋の土をかき分け、ミミズの生存や卵包探しをしました。根気のいる作業でしたが、順調に世代が変わっていきました。また、この

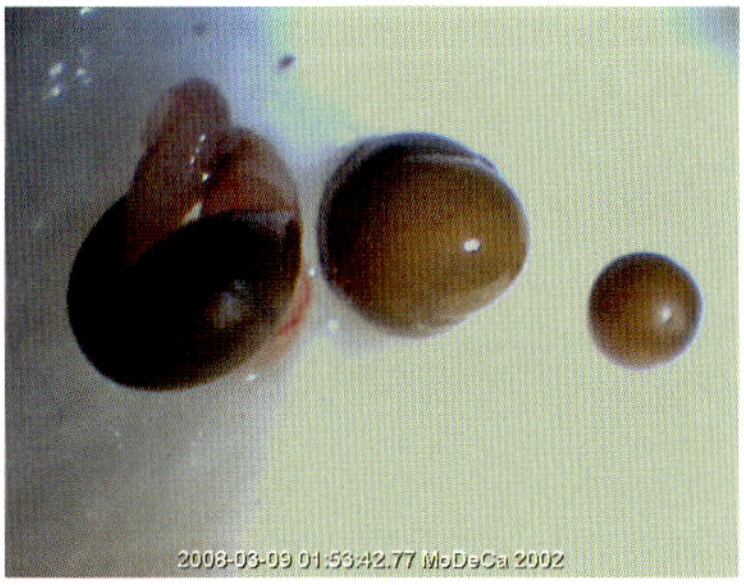

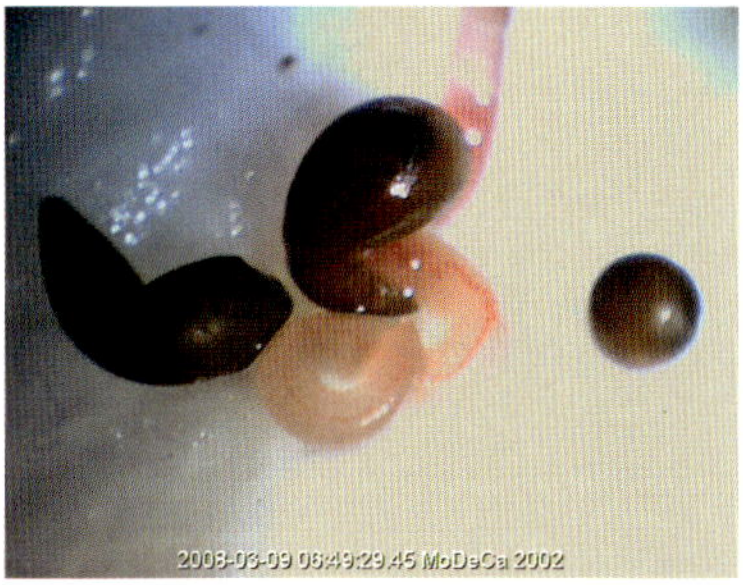

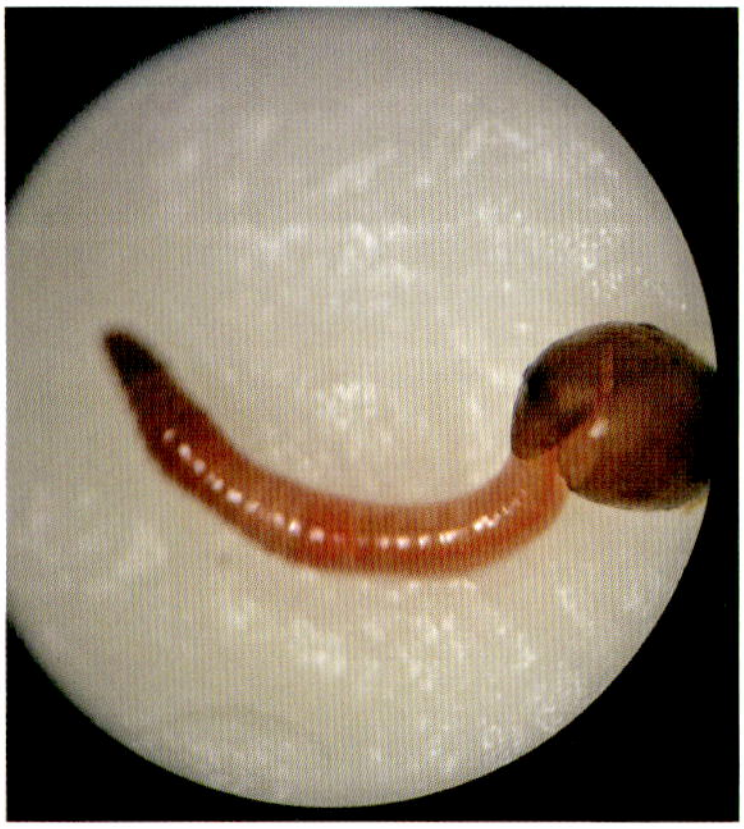

卵包が割れて、あっという間にミミズの赤ちゃんが出てくる。

時、一部の卵包を常時カメラで観察することに成功し、他にも様々なことがわかってきました。

1つは誕生（孵化）の仕方です。ヒトツモンミミズの卵包はほぼまん丸で、赤ちゃんミミズが誕生する時はこの中央が「パカッ」と破れて一瞬のうちに出てきます。他のフトスジミミズやハタケミミズなども同じように生まれてきました。ところが、一緒に観察したツリミミズの場合は、ラグビーボールのような楕円形《だえんけい》の卵胞のすぼんだ口から体の一部を出したり引っ込めたりしながら抜け出すという、まったく違った誕生の仕方をしました。

もう1つわかったことは、誕生する時期です。ヒトツモンミミズなどは夏から秋にかけてたくさん産卵します。そして生んだ卵が翌年の春には孵《かえ》

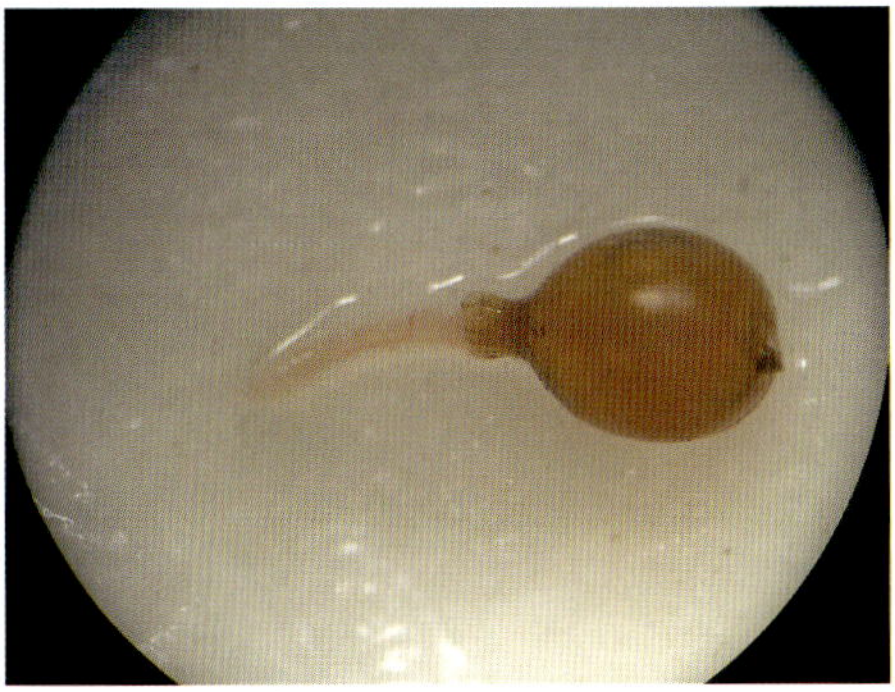

ツリミミズの誕生。

ります。特に興味深かったことに、冬至《とうじ》、春分のように太陽の位置から季節を表す言葉の二十四節気《にじゅうしせっき》の中に啓蟄《けいちつ》というのがあります。これは3月6日頃のことで「冬ごもりの虫が地中からはい出る頃」という意味だそうです。実はちょうどこの頃ミミズの卵が次々と孵化してきました。観察地近くの大船フラワーセンターの気象データによれば、平均地温が10℃を超えた頃でした。だから私は啓蟄の意味は、ミミズの赤ちゃんが生まれてくることをいっているのではないかと思っています。

実験に失敗はつきもの

しかし、ある時袋の中を調べていたら、アオキミミズが生まれているはずの飼育袋に姿形の違うミミズが生まれていたのです。飼育用の土は他のミミズの卵やミミズを食べる虫が入らないように電子レンジで加熱殺虫してありました。これに市販の腐葉土を足したものを使ったので、他のミミズが入る余地はないと思っていました。

生活の条件の変化に応じて、生息密度の影響で姿を変えるものがあることを相《そう》変異《へんい》といいます。大群で移動するバッタなどで見られますが、この姿形の違うミミズも相変異を起こしたのかと思い、このことに詳しい研究者に文献をもらったり、生まれたミミズの遺伝子解析をしてもらったりしましたが、遺伝子の結果はまったく違うミミズで謎は深まりました。さすがにこの時点では学会に発表はしませんでしたが、会場外で「こんなことってあるのでしょうか」と研究者の皆さんに意見を聞いたりしました。もちろん皆、そんなこととミミズでは聞いたこともないと半信半疑でした。

改めてデータや実験方法を振り返ってみました。この実験の時、比較用にミミズや卵をまったく入れずに、飼育用と同じ条件の土を入れた飼育袋も一緒に並べてありました。これを対照実験、またはコントロール実験といいますが、幸いこの時もこの実験をやっていました。ミミズがいないはずのこの袋の中を調べると、あの姿形の違うミミズがいたではありませんか！　どうやら腐葉土にミミズの卵がまぎれ込んでいたようです。腐葉土は近くの園芸店で買ったもので中国製とありました。てっきり殺菌殺虫してあると思っていたのですが、そうではなかったようです。海外のミミズが日本にどのように入ってくるかがわかったので、どのような経路で日本に来たか検証しようと調べたところ、残念ながら腐葉土を扱った中国の会社はすでになくなっているとのことでした。

観察地のミミズの種類はメスだけだった

腐葉土の問題など色々ありましたが、実験の結果は、1匹のミミズだけで交接することなく子供ができるというものでした。交接のため出会いを求めて地表に出てくるのではないとわかったのです。ただ、これについては学会の休憩時間に雑談を交わした他の研究者の意見では、先祖の生態の残滓《ざんし》・名残ではないか、つまり、はるか昔は、交接のため月齢に合わせて一斉に徘徊しお見合いをしていたけれど、交接はしなくなったが徘徊だけはまだしているというのです。

今ひとつ納得できないまま、なぜ地表に出るかの謎解きは続きました。

種子島の民話でも、ミミズは夏に出てくる

調査が手詰まりになってきたので、昔話や民話でミミズのことが出ていないか調べてみました。するとミミズ

の大量出現のわけを教えてくれる民話がありました。夏（お話では土用の頃）に、ミミズがたくさん出てきて干からびてしまうことになった、というちょっとかわいそうな顛末《てんまつ》（『日本の民話24』未来社）です。昔、動物たちが神様に食べ物を決めてもらうことになった時、神様から泥をもらうことになったミミズが不満をいうと、神様は怒り、土用に道に出てひなたぼっこをして曲がって死ね、と言ったそうです。さらに、ミミズが文句を言うと神様は、干からびてアリのエサになれ、と伝えたそうです。なかなかすごい神様ですね。

ちなみに「夏の土用」というのは、新暦の7月20日頃から8月7日頃までのこと。これは、なんと私の観察結果とぴったり合っていました。

また、江戸時代の儒教と仏教、神道などを源流とした庶民のための生活哲学である心学のお話にもこれと似た内容があります。ここでは神様ではなくお釈迦《しゃか》様に「夏の土用に干からびろ」といわれています。

ミミズ研究に天文学も必要になる

毎年1年に1回、最も多くミミズが出現した日を調べていたところ、下弦の日はいつも同じ月齢とは限らないことに気づきました。実は月齢は新月（朔《さく》）の瞬間からの日数単位で経過時間を表したものと定義されています。さらに月の軌道《きどう》は真円《しんえん》ではなく楕円《だえん》のため、例えば満月（望《ぼう》）の時の月齢、つまり新月からの日数もその時々で15・1であったり14・8であったりと、まちまちです。

なお、新月、上弦、満月、下弦というのは太陽と地球と月の位置関係を表しています。さらに地球の地軸《ちじく》が傾いているため、地球から見える月の明るい部分の変化も月齢とは完全には一致しません。なぜこれらが問題になるかというと、ミミズが月の変化と連動して行動していることはわかりましたが、月の何の変化と連動しているのか、つまり位置なのか、明るさなのか、それとも新月からの日数（月齢）なのかが謎だからです。

　そこで数年のミミズ出現数のデータから最も多かった日と、月齢、明るさ（月輝面比：見かけの月の面積に占める月の光っている部分の割合）、天体上の位置、満月からの日数、それぞれの変化に最も近いものは何か計算してみました。

　結果は、最もミミズの出現日と関係が深かったのが、月齢、次いで月の天体上の位置、そして一番関係が薄かったのが満月からの日数でした。

　どうやらミミズは、夏のある日、「あっ今日は新月だ、太陽の方向に月がある、1日中月が見えない」と何らかの方法で知り、この日から何らかの方法で22日をカウントした日に多くのミミズが冒険に出かけるようです。まるで先に出てきたユミユスリカの「概日時計と月の満ち欠けを読む」と同じようですが、謎が解けたようでますます謎が増えてしまいました。

雨上がりのミミズたち 新宿のミミズ

「月とミミズ」が関係ありそうだとのお話をしましたが、実は鎌倉ではなく別の観察地のミミズも同じように道路に出てきて干からびています。しかも、月齢とは関係なく出現しているのです。では、それらのミミズはどんな時にたくさん地表に出てくるのか、というと雨後なのです。も

新宿区四谷の観察地の外濠公園。

ちろん観察の結果わかったことで、ミミズといえども、種類や棲んでいる場所によって、生活習慣や暮らしぶりはずいぶんと違うのです。

鎌倉に続く別の観察地は、東京都の千代田区立外《そと》濠《ぼり》公園（一部は新宿区）というところです。私の友人には「毎日の観察を、また増やすんですか」と呆《あき》れられました。しかし、鎌倉のミミズが月齢によって出現しているかもしれない、とわかり始めた頃、これは、別の場所のミミズも同じかどうか比較してみないと核心に近づけない、と思い始めたのです。

外濠公園で見つけたふん塊。

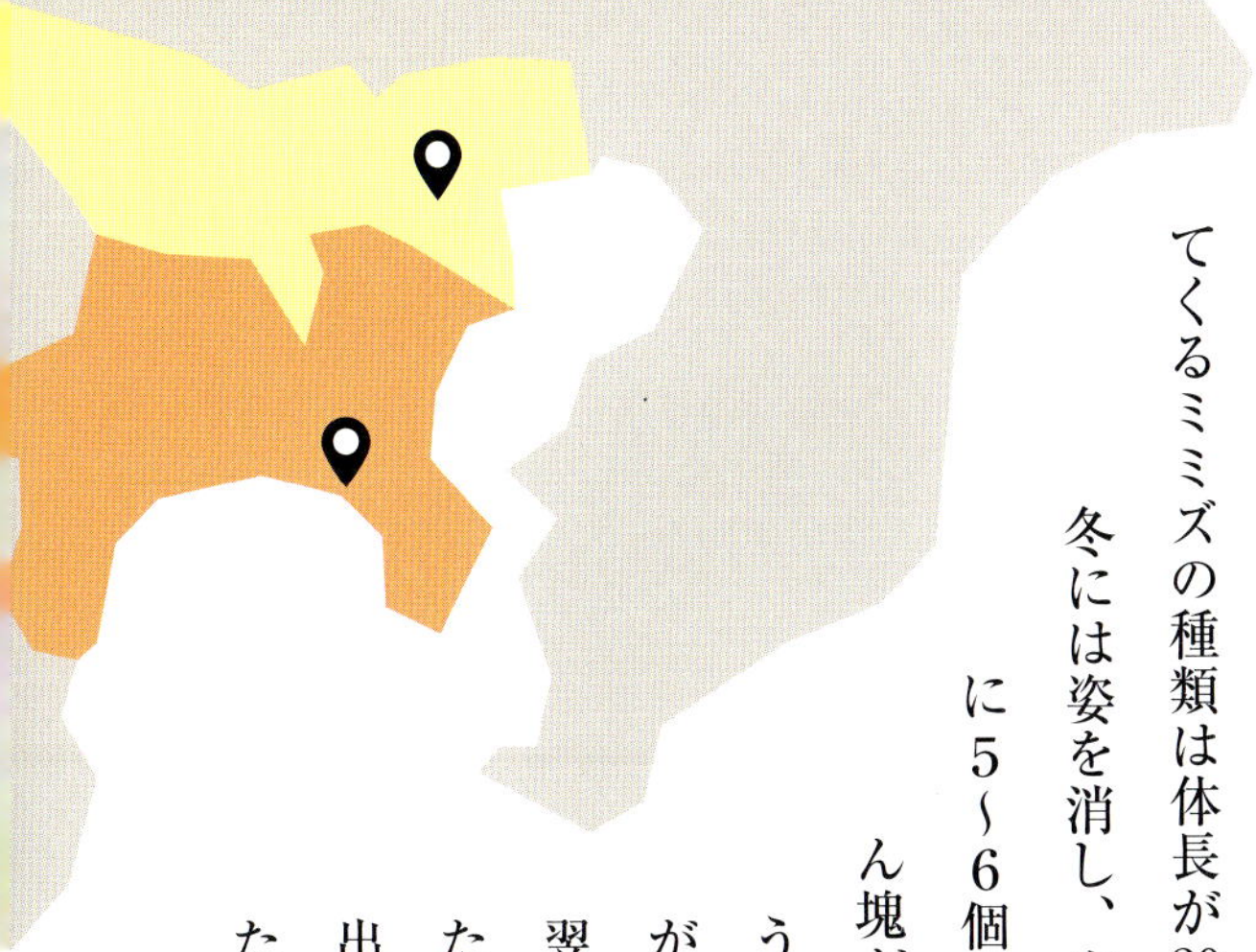

そこで2000年7月から2年半の期間、時刻はほぼ午前8時に観察を続けました。観察場所は歩道が約300m続き、歩道面は透水性《とうすいせい》ブロックが敷かれています。その脇に土面があってソメイヨシノやケヤキが植えられています。この歩道に出てくるミミズの種類は体長が20cm以上のフトミミズの仲間です。ここのミミズも冬には姿を消し、春になると最初にふん塊が一斉に出現します。30cm^2に5～6個の密度で、40～50mにわたって続いていました。ふん塊が現れた後、ぼちぼちとミミズが地表に出てくるようになり、夏になると多く出現する日とそうでない日が続き、晩秋には姿を見かけなくなります。そして、翌年の早春にはまた一斉にふん塊が出現するのです。ただし、雨が降らず地表が乾燥していた時は、地表の出現だけでなく、ふん塊も見ることはありませんでした。暑い夏の乾燥した日が続く時は、地中でじっとし

東南アジアで見つかったミミズのふん塊。

ているようでした。

ちなみに上の写真は東南アジアのものですが、円筒形にふんが積み重なり数十cmもの高さになるものもあります。これが、ミミズの作る「よくほぐれて養分も豊かな土」の生まれたての姿なのです。

月の周期とは関係なく雨上がりに出るミミズ

ここの観察での出現傾向は、

・毎年、2〜3月から11月に出現する
・6〜8月が出現のピークになる
でした。

出現の多い6〜8月の出現数を月周期と重ね合わせてみたのが下のグラフです。鎌倉で観察したミミズのように月齢とはほとんど関係していませんでした。一方、当日とその前の2日と合わせて3日間に降雨があった日のミミズの出現数と、3日間降雨のなかった日の出現数とを比較すると、明らかに降雨があった時のほうが出現数が多いということがわかりました。

では、なぜ「雨後のミミズ」なのでしょうか。雨のせいで「息苦しくなって」はい出してくる

月周期とミミズの出現数

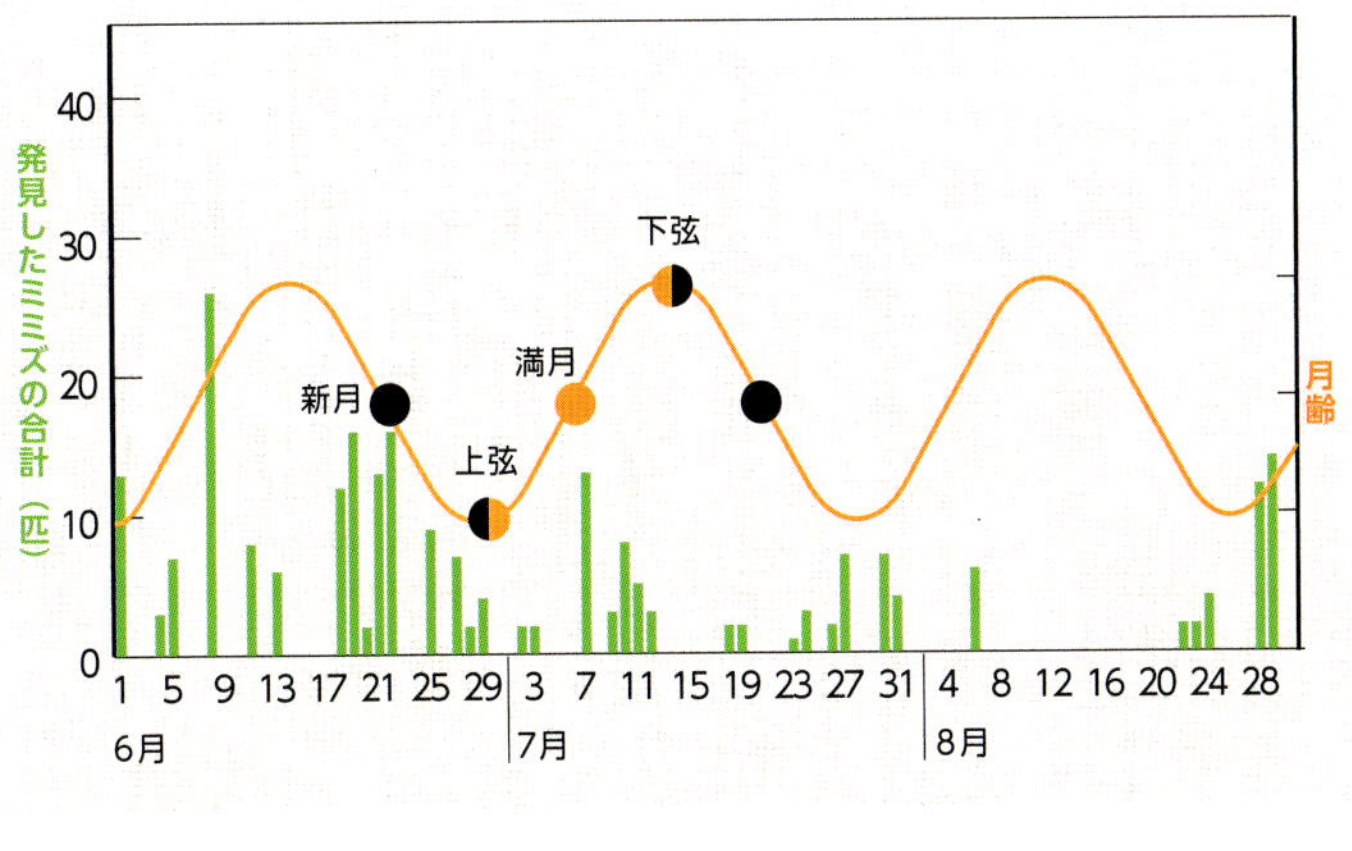

のでしょうか。

しかし、降雨といってもいずれも大雨というほどのものでもなく、水浸しになるとは考えにくい量です。この程度で「息苦しく」なるのだろうかと納得できませんでした。

夏の夜に巣孔から顔を出すミミズ

これまで観察は朝の決まった時間に

巣孔から体の一部を出している。

行っていましたが、ふと、夜のミミズは活動しているのかが気になり、夜にも観察することにしました。暗がりの草むらに懐中電灯を照らしている姿は、朝の観察以上にかなりあやしい風体でした。

観察地に行くと、ミミズたちは巣孔から身体の一部を出して特に大きな動きもなく、まるで夕涼みでもしているみたいでした。新宿のミミズも時々夜に見に行きましたが、同じように巣孔から顔を出している姿をずいぶん見ました。桜の季節などは、夜も花見客が

「顔出し」しているミミズ。

シートを敷いて楽しんでいるそのすぐ脇で、ちゃんと（？）背伸びをして顔を出していました。

私はこのミミズの様子を「顔出し」と呼んでいますが、この「顔出し」は、毎年5月中旬から6月中旬あたりに始まり、8月頃いったん出さなくなり、9月から再び出始めて11月頃に終わります。おもしろいことに、「顔出し」の長さ、というか露出している体の割合は、同時に出ているミミズはほぼ揃って同じでした。そして、10月には一番露出割合が多くなり、この時期には交接も観察できました。さらに雨後には「顔

出し」だけではなく、巣孔から抜け出し散歩（?）をしているミミズをたくさん見ました。

このような夜の「顔出し」行動と「雨後のミミズ」データを重ね合わせて出現の理由を考えてみました。地表面が濡れていると、夜間に巣孔から離れて移動するのが徘徊の理由ではないか、と推測したのです。

ミミズは皮膚呼吸をしているので、体の表面が濡れていないと呼吸ができなくなります。そのため雨の後、または地面が湿っている時には体表面が乾燥することなく移動できるので、徘徊するのではないだろうかということです。雨後に湿った場所を徘徊するうちに、アスファルト舗装の道路や砂地など日光や乾燥が避けられないところに出てしまうと、地中に戻れなくなります。こうして、私たちの目にする「雨後のミミズ」「干からびミミズ」になるのかもしれません。

予期せぬ突然の乾燥から逃げ出すミミズ

干からびミミズの謎について、ある程度推測はできました。しかし、これまでの説明にあてはまらない気がかりな観察結果が1つ残っていました。

２００２年のデータに、特異な出現をしている日があるのです。月齢リズムとはずれているのに、大量出現した日がありました。この日の出現数は54匹でとても多い。それなのに、これまで考えてきた「理由」があてはまりません。

もう一度、この日の気象データと突き合せてみました。すると、この日の前後は6月上旬なのに30℃を超す日が数日あり、地温が上がっていました。さらに、前日の最低湿度が16％まで下がり乾燥していたのです。

ミミズが棲んでいる花壇《かだん》や、道路脇の植栽帯、側溝にたまった土中などに水分があるうちは、気温が上昇しても、土中の水分の蒸散により地中の温度は低めに保たれています。しかし、いったん水分がなくなると温度は上昇し、ミミズは一斉に逃げ出します。そのため大量のミミズが地表に現れるのです。そこに生息するミミズが一斉に地表に出てしまうので、その後そこにはミミズの生息数が少なくなり、ミミズをしばらく見かけなくなります。

2002年6月10日は、この理由によるミミズの行動でした。高温少雨の日が続き、突然乾燥したためにたくさん観察されたのです。土が湿っていれば、ミミズはなんとか地表近くにとどまっていられるのですが、地中温度と気温が逆転し、地温のほうが高くなると、もう逃げるしかないのです。このような日は毎年あり、高温少雨の日が続くと干からびたミミズを見るのもこのような理由のようです。一方、地中にもぐるのが得意な浅・深層性のミミズは、こんな気温の時は地中にとどまり暑さと乾燥をやり過ごしているのです。

干からびミミズの謎解き

　今まで見てきたように、たくさんのミミズがわざわざ道に出てきて移動し、挙句の果てに干からびてしまうのはなぜかを調べるため、自宅や勤務地近くで毎日、道に出ているミミズの数を数えました。

　そしてわかったことの1つは、冬は見かけないミミズも夏には地表でたくさん見かけることがあるということ。さらに、驚いたのはそれが降雨とは関係なく月齢と関係しているミミズがいることでした。夏のある月齢の日、観察地では月齢22前後の日に一斉に移動していました。

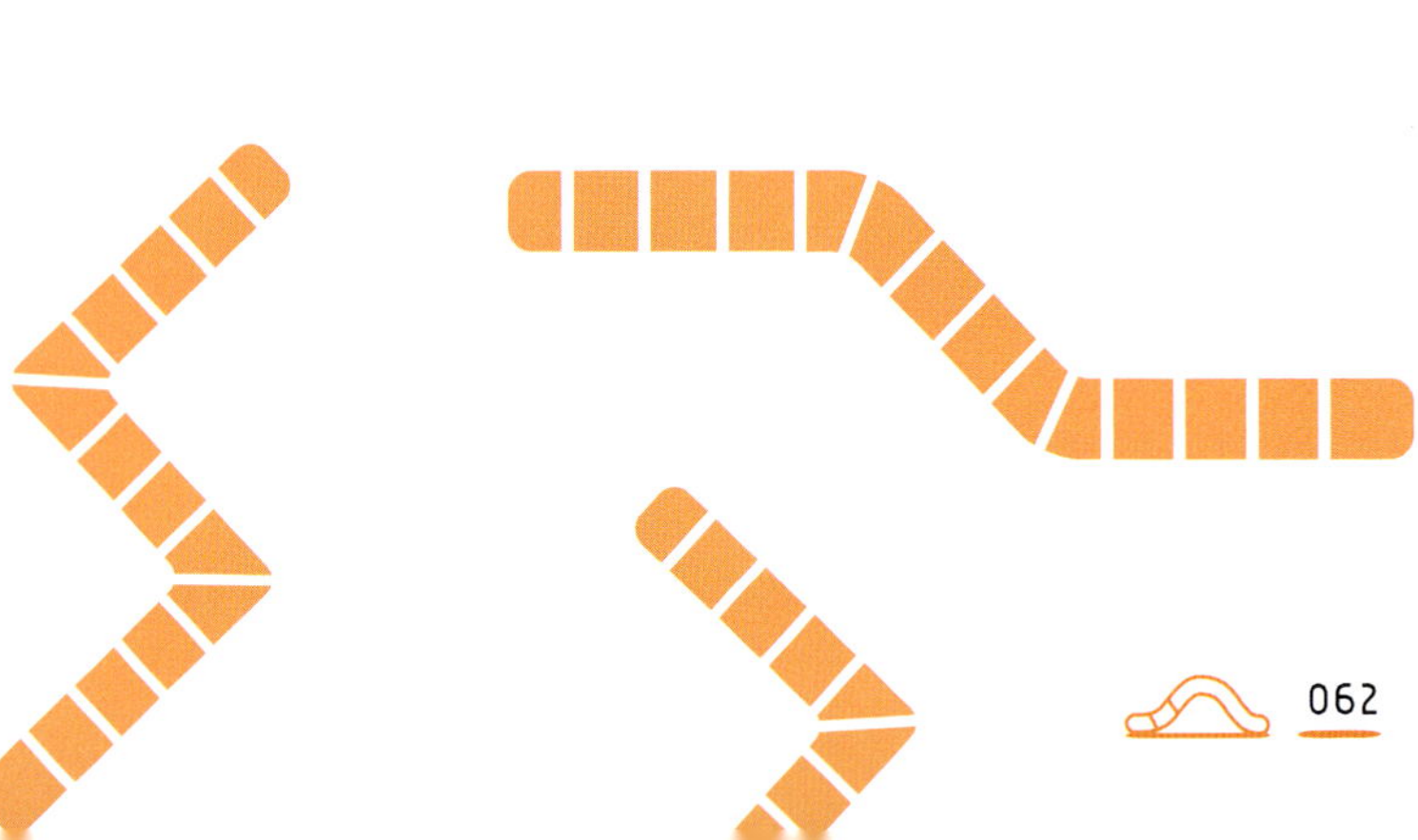

また、交尾（交接）のためにお互いを求めて地表に出るかというとそうでもなく、メスだけでも子孫を増やせることも飼育して確認できました。

こういう行動をするミミズは、地表近くに棲む表層棲息性《ひょうそうせいそくせい》のミミズで、出かけたはいいが安全に暮らせる場所が見つからなかった場合には日光や乾燥にさらされ干からびてしまい、うまく新天地が見つかったミミズは、そこでまた子孫を増やすのだと想像できました。

ただし、表層性のミミズの干からびの大きなもう1つの原因が、土の乾燥による高温から逃げ出すためということもわかりました。そして逃げ出したほとんどのミミズは移動中に日光にさらされ、路面で干からびてしまうのです。

一方、地中に巣孔を掘り暮らす地中棲息性《ちちゅうせいそくせい》のミミズは、雨が降らず地表が乾燥している時は地中でじっとしていて、地表が雨の後、湿り始めると顔を出し、地表が濡れている日には一斉に巣孔から抜け出し移動をしていました。しかし、この地中棲息性のミミズも、安全に暮らせる場所が見つからない場合、日光や乾燥にさらされ干からびてしまい、うまく新天地が見つかったミミズは、そこでまた子孫を増やすのだと想像できました。

実は、このことはすでにダーウィンがこんなふうに指摘していました。「ミミズは冒険旅行のためにトンネルをすて、そして、新しい住み場所を探す」（『ミミズと土』平凡社）。

また、一度にたくさん移動する最大の理由は、少数での移動では食べつくされるのでなるべく集団で移動し他の動物に食べつくされるというリスク（捕食圧《ほしょくあつ》）を少しでも減らそうとするためではないでしょうか。もちろん交接する種類のミミズでは集団で移動する必要があります。ミミズはその一斉移動のきっかけが、月齢であったり、降雨であったりするわけですが、この他にももっと違うきっかけ・号令があるかもしれません。

コラム

ミミズって鳴くの？ 1

まだ、郷里に夜汽車の走っていた頃の私の記憶ですが、キリギリスなどの夏の虫が鳴き始めるかどうかの時期になると、ガタンゴトンと走っていた汽車が田舎の駅に停車して、一瞬、静寂に包まれたかと思うと、あたり一面から「ジージー」と鳴く声が聞こえてきました。当時はみんなミミズが鳴いていると思っていました。

しかし、いろいろな機会に「ミミズは鳴かない」ということを見聞きするようになりました。

例えば、広辞苑（第五版）によると、「みみず鳴く　秋の夜、土中で「じじぃ」と鳴く声をミミズの鳴く声としたもの。実はケラの声」とあります。

本当にケラの声なのでしょうか？　私は、あのジーと鳴く声の主は誰か、確かめてみることにしました。

初夏のある日、近くの草むらであの「ジー」という音が聞こえていたので、指向性の強いマイクと録音機にヘッドホンを用意して音の出る場所に近づいてみました。音の出ている方向を見定めてライトをあてると、草むらにキリギリスのような虫がいました。

ちょっと記念撮影のためウチまで来てもらいました。撮影が終わり、すぐに庭木に放したところ、そこで「ジー」と鳴き始めました。近くで聞くと耳が痛いくらい大きな音で、ここに居座られては、睡眠不足になりそうなので、山のほうに行くように追い立てました。図鑑で調べたらこの虫は、キリギリスの仲間でクビキリギスという虫でした。ミミズの鳴き声とされていた音は、クビキリギスだったのです。

この鳴き声は毎年、初夏のある湿った日の夜に地域で一斉に鳴き始めるということも、毎年の観察でわかりました。秋の虫がまだ鳴かない頃に「チー」とも「ジー」とも聞こえてくるので、昔の人はこれをミミズが鳴いていると思ったのかもしれません。

a 湿地で録音した鳴き声の波形

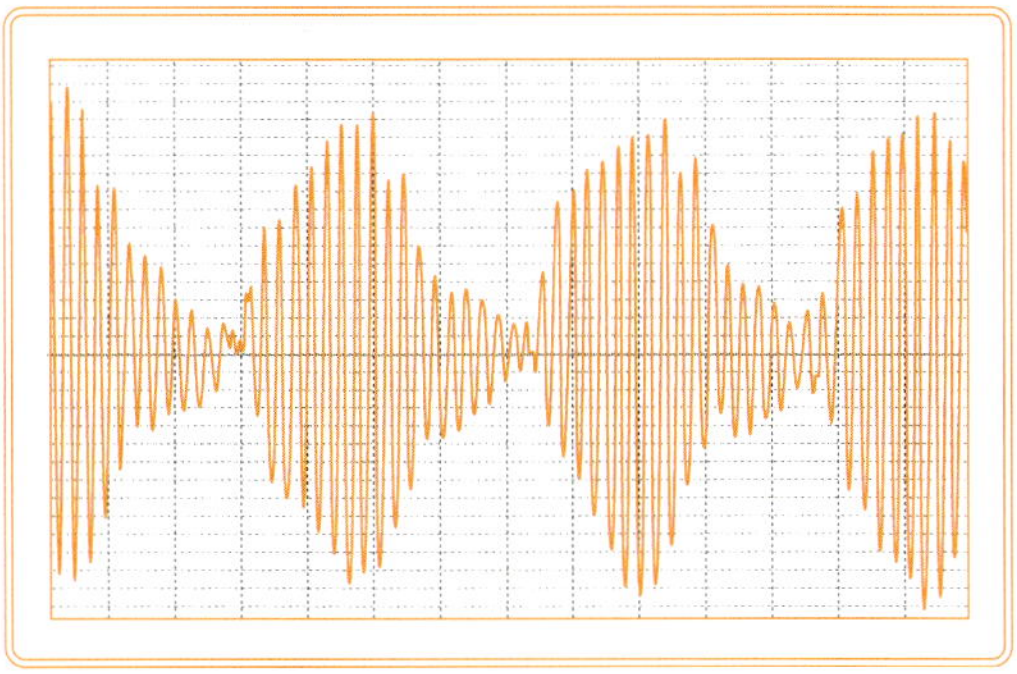

b ケラの鳴き声の波形

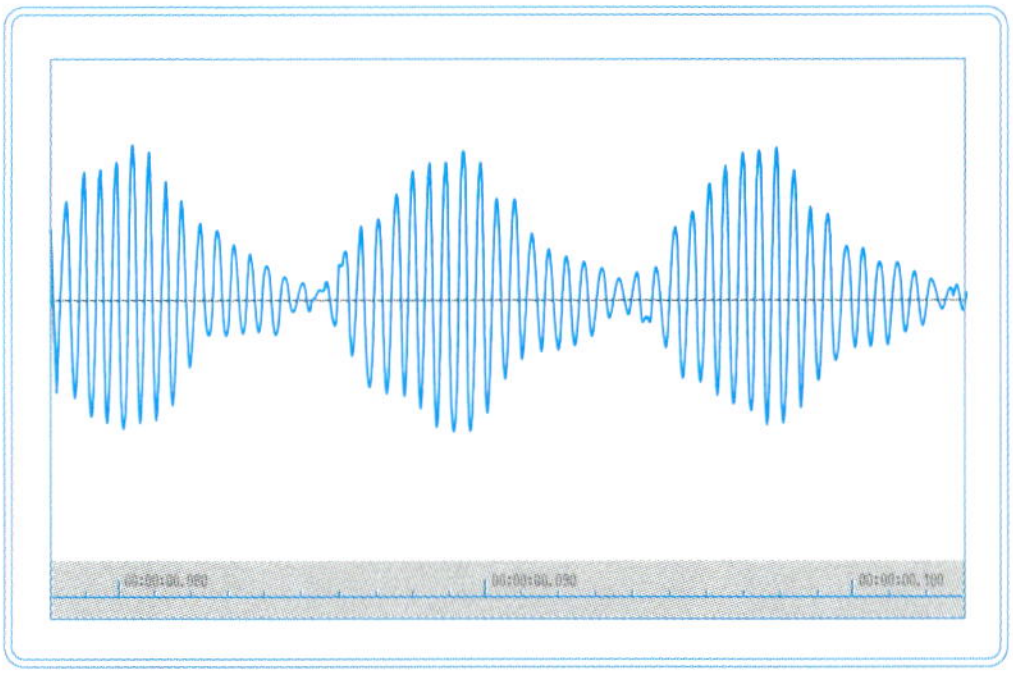

波形を調べてみる

本当にミミズは鳴かないのか。あきらめきれずに私は調査を続けました。6月、夜の湿地で、聞き覚えのある、あの音があちらこちらから聞こえていました。そのうちの1ヵ所に近づくと、草むらに土が盛り上がったところにある穴から聞こえてきました。穴は直径2㎝ほどでしたので、ミミズの穴にしては大きすぎました。注意しながら掘ると、地表から深さは10㎝以上あり、さらに横穴が続いていましたが生物は何も見つかりませんでした。

鳴き声の主には出会えぬままでしたが録音はできたので、その波形を調べてみました。音の強弱と高低がわかる波形表示ソフトウェアを使い、ミミズの鳴き声の「本当の正体」といわれているケラやキリギリスの仲間のクビキリギリスの鳴き声の波形と、私の録音を比べてみたところ、ジーと鳴いていた波形はケラにそっくりでした。ケラといって間違いなさそうです。

ミミズが鳴いている証拠をつかむ？

ある日、テレビクルーの方から連絡があり、ボルネオ島のダナンバレーで大きなミミズが鳴いている映像を現地のクルーが撮ったので、本当にミミズが鳴いているのか確認してほしい、という内容でした。

そこで映像を送ってもらうことにしました。

映っていたのは深いジャングルの中にミミズが作った高さ10㎝以上はあると思われる大きなふんの塔でした。続いて、暗闇のジャングルからジーと音がしている落ち葉がたまった地表にカメラが近づいていきます。ジーという音も次第に強くなっていきました。懐中電灯に照らされた音のする場所の大きな枯葉をどけるとそこにはミミズが横たわっていて、枯葉をどけたと同時に音も止まりました。しばらくするとまた音は鳴り出し、そこのミミズが鳴いているとしか思えないような映像でした。

でも、どうも聞き覚えのある音です。そうです。あのケラの声です。そこで、音声の波形を確認してみたところ、やはりケラと同じ波形を示していました。ケラの穴の近くにたまたまミミズがいたので、ミミズが鳴いているような状況になったようです。せっかくの撮影でしたが結局放映されることなくボツとなったようです。

C ボルネオの波形

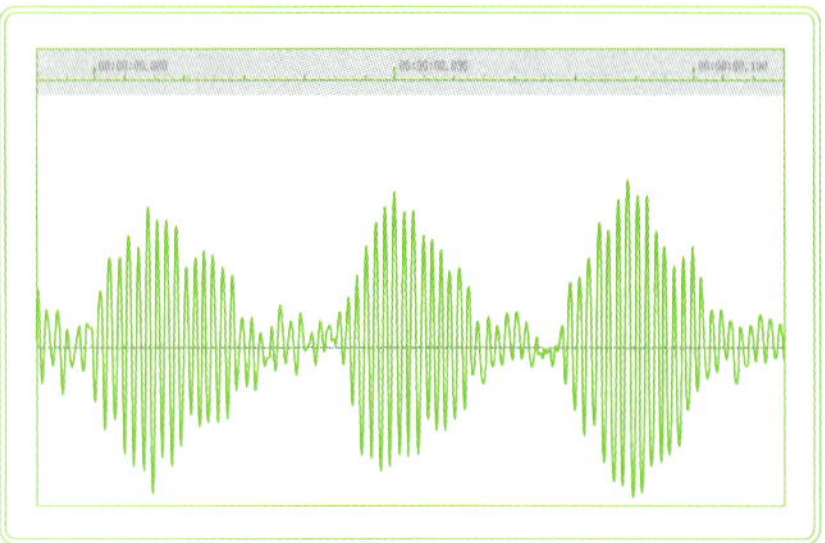

2章

光るミミズを求めて

ミミズが光るなんて驚きだ

土壌動物の図鑑でミミズを調べていたら発光するミミズが載っていました。その名もホタルミミズ。図鑑には、芝生に生息するような場合、夜そこを歩くと、芝生上に点々とホタルのような発光が見られる、と書いてありました。さらに別のイソミミズというミミズも発光するとあります。光るミミズがいるとは驚きです。しかも、ホタルミミズは、私の住んでいる鎌倉に近い大磯というところで国内では初めて発見されたそうで、ぜひ近くで見てみたいと思い、さっそくデータ集めから始めました。

ホタルミミズ発見の歴史

日本国内にいる発光するミミズは、今のところ2種といわれています。

そのうちの1種類はホタルミミズで、体長は約40㎜、幅はわずか1～1・5㎜、体は淡黄白色で環帯以外は半透明、世界に広く分布しています。1837年にフランスのDugèsにより最初に記録され、その後インドや南アフリカなどでも記録され、日本では1934年（昭和9年）、神奈川県の大磯で発見されました。この国内初記録から昭和30年までの20年間でわずか十数件の報告しかありません。さらにその後、平成になるまでの四十数年間には目立った発見記録がありませんでした。このためホタルミミズは国内では希少種のように扱われていたのです。

しかし、2001年に東京都、広島県、千葉県と相次いで光るミミズが発見され、石塚小太郎博士、渡辺弘之博士により、ホタルミミズであるということが確認されました。数十年ぶりの発見ということで、新聞報道もされました。

そこで、とにかく自分でも見つけたいということで、出現するであろう季節や時間などを調べるために、自分で作っているウェブサイトで発見情報を寄せてもらうことにしました。すると「昔見たよ」とか「以前から光っているのを見ているよ」、

「今朝光っているものをよく見たらミミズでした」など情報が次々と寄せられてきました。どうやら正式な記録がないだけで、実は天体観測をしている人や、夜間に農作業をしている人、ヒメボタルの幼虫を探している研究者など多くの人が、発光するミミズを目撃していたことがわかりました。また、場所によっては広島県のある地方のように、不吉なものとされているため、存在を秘密にしているところもありました。

カマドウマに襲われた光るミミズ

2002年5月、兵庫県でヒメボタルを研究されている稲津

賢和さんから情報がありました。ヒメボタルの観察が目的でフィールドに出ているそうですが、光るミミズを見ることもあるそうです。光るミミズを見たという日の気象状況は快晴、20時で気温16・6℃、湿度71%。カマドウマに襲われたミミズから粘液が出ていて、発光していたそうです。その場から逃げていくカマドウマの体にも粘液がついたために、ジャンプした足跡まで光り、30秒ほど光り続けていたそうです。稲津さんによると、光るミミズを見るために一番いい条件は大雨が降った後、小雨に変わった夜がいいとのことでした。

この知らせを受けて、私も光るミミズがいたという兵庫県和田山町に行ってみました。そこは神社の境内で奉納相撲が行われる白いマサ土が敷き詰められた場所で、関東の黒い土とはだいぶ様子が違ったところでした。

茨城のグラウンドに光るミミズ出現

2003年12月には、自然写真家の吾妻正樹さんから情報をいただきました。茨城で地元の子供たちを対象にした冬の星座の観察会があり、夜8時頃グラウンドに出て天体望遠鏡で星空を観察していたそうです。前日まで雨が続いていましたが、当日は快晴。気温はその年一番冷え込んだ寒い夜だったそうです。天体望遠鏡をのぞき星空を観察していると、望遠鏡を見る順番を待っていた女の子が、地面が光っていることに気づいたそうです。その光はホタルの光のような緑色で点滅せずに少しの間光り続け、ライトの光を当てても警戒して光るのを止めるようなこともなかったようです。恐る恐る光る生物を土ごと手にのせてみたところ、2㎝ほどのミミズでした。光る物質を吐き出していたようで、ミミズを放した後もミミズをのせていた手のひらがしばらく光り続けていたということです。

　この知らせを受けて、私はすぐに現場へ駆けつけました。ミミズのいた場所は野球場でした。コーチスボックスやバッターボックス付近には５㎝ほど砂が敷きつめられていて、そこを少し掘るとなんとホタルミミズがいたのです！　体長は２㎝ほどで、環帯はありましたがまだ成熟の途中のようでした。試しに１４０㎠、深さ４㎝ほど掘ってみると、この砂中に21匹いました。周りの山の表面の土はいわゆる赤土で、砂敷きの下やグラウンドの内野域はこの赤土でしたが、そこにはホタルミミズはいませんでした。

ついに地元の鎌倉で発見

他にも光るミミズの目撃情報がたくさん寄せられました。それらの情報では、マサ土で発見されたケースが多かったので、私も自分のフィールドで探す時は、そういった土がある場所で探すようにしていました。

ある時、ドイツ留学中のミミズに寄生する線虫の研究者からメールが届きました。「今度一時帰国するのでミミズを採集したい。知っているところがあれば教えてほしい」という内容でした。そして2006年11月、帰国した研究者をいつも私が観察している鎌倉のフィールドに連れて行きました。そこでは普段からフトミミズの観察・採集をしているのですが、その日はホタルミミズに似ているけれど同じかどうかは確信がもてないミミズを見つけました。以前にも、ホタルミミズに似たミミズをつかまえて専門家に同定してもらったところ、別種だったという経験があったので、今回も念のため、詳しく調べるために持ち帰ることにしました。自宅に帰り、暗がりで観察したところ……なんとそのミミズが発光したのです！

これまで情報が寄せられれば、全国どこへでも飛んで行ったり、夜の闇の中で目を凝らして土を掘り返したり苦労してきたのに、こんな近くにいるとは思いもしませんでした。自分のフィールドで見つけたミミズが光った時の喜びは格別でした。

自分のフィールドである鎌倉での発見と、他の場所での発見情報が集まるにつれ、ある共通点に気がつきました。多くの場所の後背には山や林があるということです。そこで、鎌倉でも山の際《きわ》を探してみると、たくさんの光るミミズを発見することができたのです。しかもマサ土ではなく、黒い土の中でした。それにより、県内の他の場所やお隣の静岡県でも発見することができ、実は光るミミズはどこにでもいる、ということがわかったのです。

2009年12月、奈良県の高校教師の吉田宏さんが自宅の庭でホタルミミズを見つけ、このホタルミミズがふん塊を作ることを発見しました。この発見により、ホタルミミズ特有の大きさのふん塊を探せばその下にホタルミミズがいることがわかり、さらにホタルミミズを探し出しやすくなったのです。

研究には仲間がいると楽しい

ウェブサイトで情報を収集していると書いた私も、独りぼっちで観察を続けているわけではなく、ホタルミミズの研究に関しては仲間がいます。1人は発光生物を研究されている名古屋大学の大場裕一博士です。大場博士は、大学の構内でホタルミミズを発見されました。この発見は、愛知県では初めてのことで、東海地方で63年ぶりの発見でした。そしてもう1人は、先述のホタルミミズがふん塊を作ることを発見した吉田宏さんです。私たち3人は時々連絡を取り合い、ホタルミミズの情報交換をしています。

ある日、大場博士から「今度、八丈島に行きますが、一緒に行ってホタルミミズを探しませんか」とのお誘いの連絡をいただきました。東京都の伊豆七島の1つである八丈島は、光るキノコなど発光生物の宝庫で、これまで発見されていないホタルミミズもいるかもしれないというのです。ホタルミミズを探すのならば、もちろん行かない理由はありません。2月の寒い時期でしたが、私たちは八丈島へ出かけました。

初日は凍えながら調査をしましたが、ホタルミミズは見つかりません。空振りに終わりそうで、そう甘くはないなと思い始めていました。しかし、2日目、3人で土を掘っていると、吉田さんがホタルミミズをあっさり見つけ出したのです。初日の空振りで「もしかしたら見つからないかも」と弱気になっていたので、私たちは大喜びしました。

さらに3日目には島内各地で見つかりました。ホタルミミズは希少なものと考えられてきましたが、実は色々なところに生息していることがはっきりしたのです。そして、やはり八丈島は発光生物の宝庫であることを再確認しました。

仲間がいると途中でくじけてしまいそうな時も励まし合うことができたり、諦めずに調査を続けようという気持ちになります。吉田さんとは八丈島だけでなく、他

大場博士が、採集したミミズをアルコールに漬け、標本にしているところ。

八丈島でホタルミミズを探す大場博士（左）と吉田さん（右）。

にも色々な場所へ調査に行きました。兵庫県伊丹市の猪名川《いながわ》の河川敷では「池田・人と自然の会」の今城香代子さんに案内され、ヒメボタルの幼虫採取の時にホタルミミズをよく見たという場所を教えてもらいました。この時は、季節が違ったのでホタルミミズはいませんでしたが、後日、私と吉田さんとで再びその場所に行き、ホタルミミズを見つけることができたのです。

普段は1人でコツコツ進める研究や調査も仲間がいると、色々な情報や意見、考えをもちよることで、より充実したものになります。そして、同じものに興味をもっている仲間と話すのは、とても楽しいことなのです。

砂浜でミミズを探す イソミミズも見つけた

ホタルミミズの発見に気をよくした私は、もう1つの光るミミズであるイソミミズを発見できればと思っていました。たまたま職場で光るミミズの話をしていたら「それなら見たよ、三十数年前のことだけど砂浜の藻《も》の下の砂の中にいて、釣りの餌にしていたよ」というイソミミズの目撃情報を教えてもらったのです。ちなみに、釣りの餌が売られるようになってからは探していないとのことでした。

彼に教えてもらいさっそく出かけた砂浜は、神奈川県の三浦半島にある小田和湾という場所です。そこはほとんどがコンクリートで固められていて、わずかに富浦公園という公園に、砂浜が200～300mあるだけでした。コンクリートは、陸上自衛隊武山駐屯地《たけやまちゅうとんち》に続いていました。

30年前とは様子が違うのかもしれないな、と思いながらも、わずかに打ちよせられている藻の下を掘ってみました。でも、いくら掘っても生物らしきものは見つけられず、あるのはゴミと貝殻《かいがら》ばかりで空振りでした。

帰りがけに、近くの漁港で漁具の手入れをしていた漁師さんに聞いてみると、「湾内では、昔から海苔《のり》の養殖をしていたんだ。もちろん海岸線は全部、砂浜だべ。光るミミズ？　そんなもの見たことなかったなあ」と言っていました。とにかく、今現在はこの海岸に光るイソミミズはいないようです。探し方が悪かったのだろうか、と疑念を残しつつも、海岸で初めてのイソミミズ探しは収穫なしでした。

それから10年以上たちました。結局10年間もミミズ観察を続けていながらイソミミズを発見できていないのでは「ミミズウオッチャー」とはいえないなあ、と思い、再び本腰を入れてイソミミズを探すことにしました。今回は、事前に大場裕一博士にどんなところにいるか教えてもらい、準備を整えて出かけました。

七里ヶ浜の砂は砂鉄を含むため黒い。

七里ヶ浜から江の島を見た景色。

まずは神奈川県鎌倉市の由比ヶ浜海岸で探しました。大場博士には「川の河口付近ではない砂浜に打ち上げられた海藻の下にいる可能性が高い」と教わったので、そのような場所を掘ってみました。

トビムシや小さな虫はたくさんいますが、イソミミズは見つかりません。仕方なく、由比ヶ浜の隣の海岸で、稲村ヶ崎から始まる七里ヶ浜まで行ってみることにしました。

七里ヶ浜の手前にある鎌倉海浜公園稲村ガ崎地区では、以前ホタルミミズも見つけたことがあるので、ここの砂浜でイソミミズがいれば、発光する2種のミミズを同時に見ることができるわけです。遠くには江の島や富士山が見える絶景でもあります。

七里ヶ浜でも稲村ヶ崎寄りの砂浜は、砂が真っ黒で砂鉄の豊富な砂です。まずはその辺りの砂を掘り返してみましたが、ミミズは見つかりませんでした。そこで、少しずつ江の島側へ移動しながら探し続けることにしました。

数百mほど移動して打ち上げられた海藻の下を掘ってみると、5cmほどの深さのところにミミズらしきものがいました。私はさっそく石の上にそれを置き、水をかけて砂を落としてみました。体長は約7cm、環帯もありミミズで間違いなさそうです。近くを掘ったら次々と見つけることができました。さっそく持ち帰り、よく観察してみると環帯は鞍状で、13体節から17体節にかけてあり、その他の特徴もイソミミズに合致したのです。ついに発見です。

問題は、発光するかどうかです。部屋を暗くして、ミミズから出てきた体腔液《たいこうえき》を紙にこすりつけてみると、かすかに光りました。しかし、とても弱い光なので写真に撮ることはできませんでした。

さらに調べるために、後日もう一度砂浜に行くことにしました。調査は前回見つからなかった由比ヶ浜から探し始めました。由比ヶ浜の東端、坂ノ下周辺を掘ってみましたが、やはりここでは見つかりませんでした。

実は、前回由比ヶ浜で探した時、海岸で網の繕《つくろ》いをしていた漁師さんに光るミミズを見たことがないか聞いてみました。すると、潮が引いた時、砂地に穴が開きその下にいる、と教えてくれたのです。前回見つからなかった場所ではありましたが、もう一度探してみようと出かけたのでした。

今回の調査で、漁師さんが言っていたミミズは見つかりました。しかし、それはイソメ類でイソミミズではありませんでした。ちなみにイソメ類の体は、扁平《へんぺい》で後部には毛・突起《とっき》（いぼ足）が出ています。ちょっと寄り道

坂ノ下でイソミミズを探す著者。

由比ヶ浜の坂ノ下付近。

の話ですが、イソメを辞書で引いてみると「磯蚯蚓」となっていました。そのまま読むとイソミミズです。ミミズではないのですが……まぎらわしいですね。

結局、由比ヶ浜は諦《あきら》めて、前回見つけることができた稲村ヶ崎から江の島まで続く七里ヶ浜に向かいました。七里ヶ浜では、前回見つけた場所で数匹見つけました。光るのを確かめるには、これで十分です。改めて見つけた場所をよく考えてみると、そこは満潮の時、潮が一番上がった場所（高潮線付近）で、海藻が運ばれてきて長期間堆積《たいせき》している場所でした。ここまではめったに海水も来ません。途中の干満のたびに潮が来る場所（潮間帯）では海藻は干満のたびに移動してしまうため、イソミミズにとって安定して餌が得られませんし、時には長時間、塩水に浸かることになります。イソミミズを見つけた昼間は砂の中の5㎝ほど下にいましたが、夜間は藻の中や地表に出てくるのかもしれません。

採集したイソミミズが光るかどうか確認です。イソミミズはホタルミミズのように、尾部をピンセットで軽くつまんだぐらいでは光る体液を出しません。そこで刺

七里ヶ浜で見つけた光るイソミミズ。

激を与えるために、普段、穴の中に潜むミミズを追い出すために使っているネリガラシを水に溶かした液体をミミズの体につけてみました。

すると、明るい場所では黄色く見える液体を体表と口から出したのです。暗くしてみると、これが光っていました。ミミズについたカラシを洗い流してあげればミミズは元どおり元気になります。ようやく私は、ホタルミミズとイソミミズ、両方を発見したわけです。

ホタルミミズの夏の卵包発見

2006年に鎌倉でホタルミミズを発見し、その後もホタルミミズの生態を知るために、私は観察と飼育を続けました。

野外の観察では、ホタルミミズは8～9月には見つかりません。しかし、10月中下旬には体長1cmほどの幼体が見つかり、12月になれば環帯ができた成体を見つけることができます。3～5月にかけては、大きいものでは体長6～7cmにまでなっています。また、この頃には環帯が肥厚《ひこう》し色も濃くなり柿色になっています。おそらく、この頃産卵していると思われます。

飼育での観察でも野外と同じように、6月末～7月にかけて姿を見なくなります。そして、10月中下旬に幼体が見つかります。夏に成体のまま、地中深くもぐっていることも考えられましたが、秋に見るホタルミミズで成体や大きな個体を見ることはなかったのです。そのため、ホタルミミズは夏の間は卵包ではないかと考えられ

ホタルミミズのふん塊。

たのですが、これまで誰も発見できていませんでした。
そこで冬の間、ふん塊が沢山あった（写真）自宅玄関前の40×50㎝の範囲で、深さ0～5㎝、5～10㎝、10～25㎝の3段階に分け、土の中を探してみました。
掘った土を目の大きなふるいにかけ、さらに目幅1・2㎜のふるいを通った土を目幅0・5㎜のふるいに入れ、水洗いして残った砂の中を探したのです。すると5～10㎝の土の中に、4つの卵包があったのです。

そのうちの1つ、大きい卵包は楕円で長径が1・5㎜ほどの大きさでした。実は以前、別の種類のミミズを飼育していた時に同じ大きさの卵包を孵化《ふか》させたことがあり、これはホタルミミズのものではないとわかりました。その後飼育して生まれてきたのは、やはりツリミミズの仲間でした。残りの3つの卵包の大きさを顕微鏡で測ってみました。

小さい真球に近い卵包は直径が0・78㎜、大きい真球に近い卵包が0・80㎜、やや細長い球の卵包で0・79㎜×0・88㎜でした。ちょうどゴマ粒くらいの大きさです。これでは、ちょっと土を見ただけでは砂などにまぎれ、見つけるのはとても難しく、今まで発見できなかったのも無理ないと思いました。

この卵包の内部を外から顕微鏡で観察しました。すると中に何やら時々動く1個の点がありました。まだミミズの形もして

顕微鏡で見た卵包の様子。

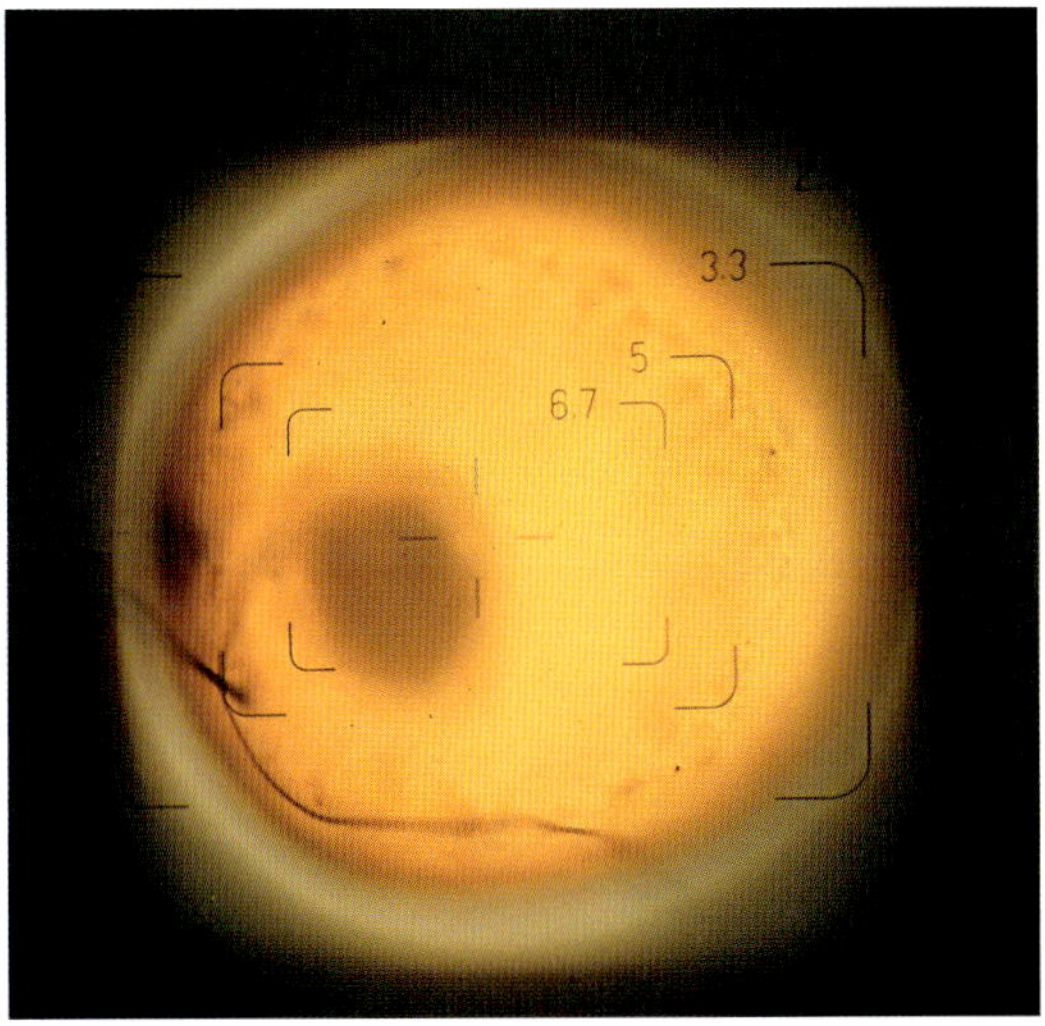

いない赤ちゃんです（写真上）。卵包の中を見るのもひと工夫が必要でした。卵包は乾燥した状態で顕微鏡をのぞくと表面がちょうどすりガラスのようになっているので、中はまったく見えません。そこで表面を濡らすと中の様子がよく見えるようになりました。こうして撮った写真なのです。

さて問題は、この卵包がホタルミミズかどうかです。育てて孵化して出てきた子ミミズの体液が光るかどうかを試してみるのですが、それでは何ヵ月もかかりそうです。ここで最新科学の登場です。卵包の遺伝子《いでんし》を見ることに

卵包比較。右からヒトツモンミミズ、ハタケミミズ、フトスジミミズ、アオキミミズ、ホタルミミズ、シマミミズ。

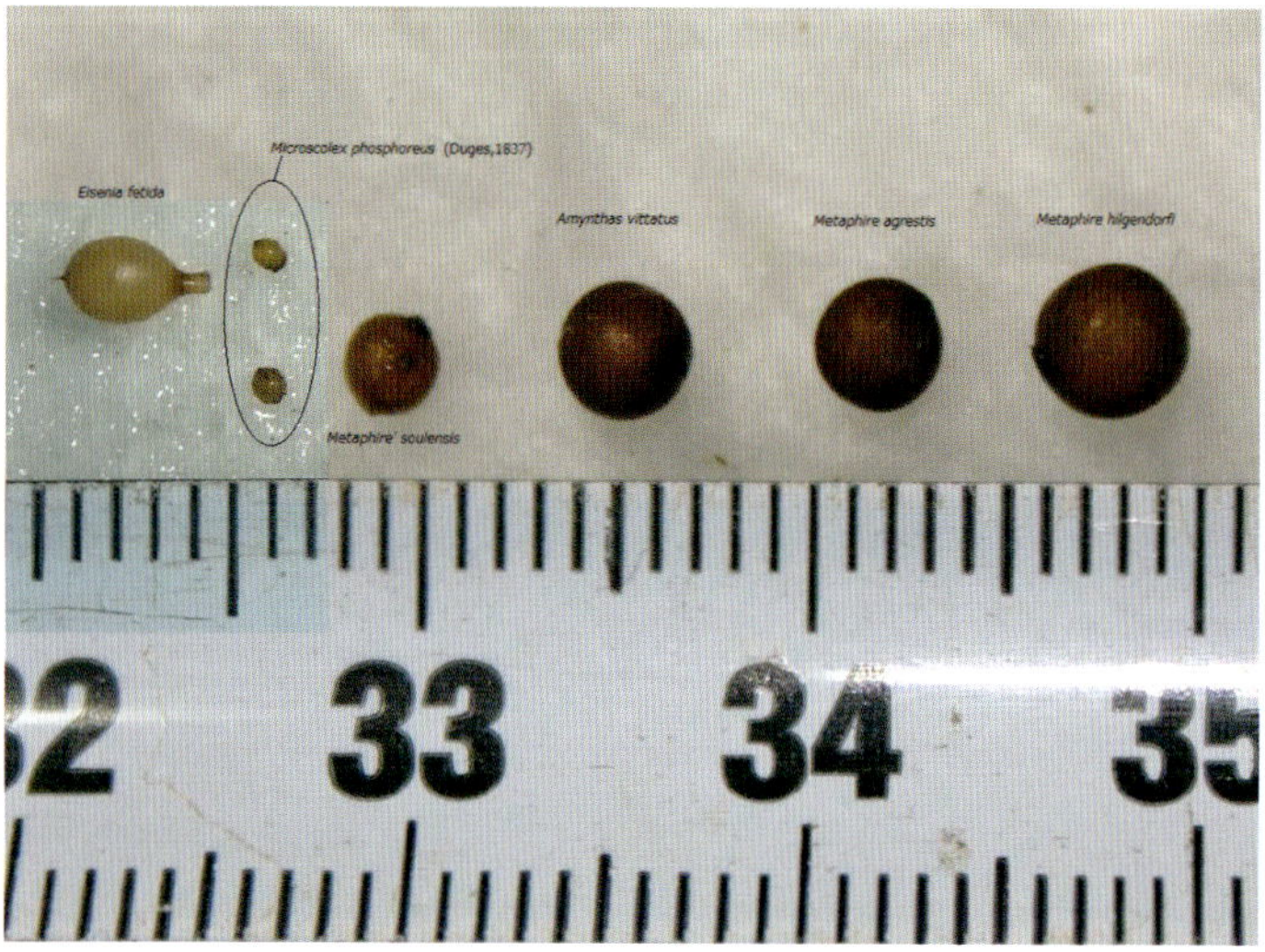

より、ホタルミミズかどうかを判定できるのです。大きい真球に近い直径0・80㎜の卵包の分析を名古屋大学の大場博士に頼みました。

　2ヵ月後、結果が出ました。やはりホタルミミズの卵包でした。

　これまで知られていなかったホタルミミズの卵包の大きさや形がようやくわかったのです。ミミズの卵包は種類によって大きさや形が違います。ツリミミズでは長細いのですがフトミミズでは真ん丸で、ホタルミミズの場合も真ん丸かそれに近いことがわかりました。

他のミミズの卵包との大きさ比較をしてみました。右ページの写真は、縮尺を合わせて合成しています。右からヒトツモンミミズ、ハタケミミズ、フトスジミミズ、アオキミミズ、今回採集の卵包2つ、左端がシマミミズです。いかに小さいかがよくわかります。

さらに、ミミズは種類によっては1つの卵包に数匹のミミズがいることもありますが、ホタルミミズの卵包には1匹しかいないことがわかりました。土中の深さ5〜10㎝程度のところにいた理由については、もっとたくさんのサンプルを調べてみなくてはわかりません。

また、今回は冬に、ふん塊があったところに卵包もあったわけです。つまり、ホタルミミズがいたところに卵包もあることになります。そして最大の成果がホタルミミズは夏、卵包で過ごすことがわかったということです。これで不明な点があったホタルミミズの生活環《せいかつかん》がわかりました。

ホタルミミズはなぜ光るのか

発光する生物について、なぜ光るの？　と聞いた時、少なくとも2つの答えがあるはずです。

1つは、光るしくみで、もう1つは光る役割です。ある生物は自分で発光物質を作り、仲間同士の通信のために光っています。それではホタルミミズはなぜ光っているのでしょうか。

発光のしくみ

ホタルやウミボタル、発光バクテリア、ゴカイ、エビなどの発光生物の多くは、発光する物質であるルシフェリンと、この発光を助けるルシフェラーゼという物質が混合した時の化学反応で発光します。

光るホタルミミズ。

ホタルミミズも同じような化学反応で光ることがわかっています。ただ、ホタルミミズの場合は、ホタルのような発光器があるわけではなく刺激により粘液を体の外に出し、その粘液が光るのです。

また、このルシフェリン、ルシフェラーゼは1つの物質ではなく、それぞれの生物に固有の物質で光ります。これが解明された発光生物はまだ少ないのですが、ホタルミミズの場合も今研究が進められようとしています。

発光する生物の光る理由は、コミュニ

ケーションであったり、捕食者《ほしょくしゃ》を驚かしたり、見つからないようにするためなど、それぞれ理由が考えられています。

ホタルミミズは、なぜ粘液が光るのでしょうか。今までの説や発見されている状況、粘液の出し方などから理由を考えてみましょう。

以前からいわれているのは「驚かす」というものです。１９７９年の研究成果として論文発表されています。夜行性のホタルミミズが、捕食者に襲われそうになった時、暗闇で明るく光る液を出すことにより驚かすという防御のメカニズムです。

また、ホタルミミズの発光は、地中の肉食動物を驚かすためという説もあります。

ホタルミミズを食べる地表の肉食動物（クモ）で実験したところ、ホタルミミズを捕食し、口が光る粘液だらけになっても驚く様子はなかったようですが、地中の肉食動物のケラ（モグラコオロギ）で試したところ、ケラが後ずさりしたということです。そのすきにホタルミミズが逃げるという説があります。

諸説あるようですが、襲われるのはホタルミミズだけではなく、他のミミズも同じなのに、なぜホタルミミズが光るのかという謎が残ります。実は私は、光るのはトカゲの尻尾切りと同じなのではないか、と考えています。

ミミズも自切する

トカゲの尻尾切りはよく知られていますが、なんとミミズも尻尾切り（生物学では「自切」）をすることがあります。というか、捕まったり、捕まりそうになったりした時の常とう手段なのです。

山や林でミミズを探している時、直接シャベルがあたったわけでもないのに、ミミズの尻尾（正確には尻尾というものはミミズにはなく、体の後端部）のほうが切れてしまうことがありました。急に驚かしたり、体の一部を押さえていたりした時に切ります。

ミミズの体の前部には脳があったり心臓や生殖器官があったりしますが、後部は腸が伸びているだけなので、そこのどこで切れても機能は温存されるようです。そして多くの種類のミミズでは切れた尾は再生しませんが、前部はそのまま生き続けます。ただし、体を何等分かに切ってもそれぞれが再生し生き続けるミミズの種類もあります。

ある時、平坦な場所で切れたミミズの体の後端部（ゼリービーンズのような形になっている）が、コロコロと転がっていくのを見ました。一体何が起こっているのかと気をとられているうちに、本体はピョンピョンと跳ねて落ち葉の下に逃げていってしまいました。切れた後端部に注意を引きつけておいて、自身はさっさと逃げよう、という作戦のようです。

このゼリービーンズ状の尻尾は、いったいどんな動きをして、自ら転がるのかを考えてみました。これは「体を縦に走る筋肉」を使っているのではないかと思ったのです。縦

ピンセットでつまむと、体の端を自切した。

の筋肉を、円周方向に順番に収縮させれば、少し曲がった状態で首を振るように回転していきます。この仮説が正しければ、端をつかまえていたら回転するはずです。今度自切に遭遇《そうぐう》できたら試さなくてはと考えていました。

その数ヵ月後、チャンスが訪れました。フトミミズを観察していた時に自切に遭遇したのです。かねて考察していた手はずで切れた尻尾の片方をつまんでみると……。

最初は、伸び縮みしたり左右に振れたりして不規則な動きをしていましたが、

自切後に逃げていくミミズ。

そのうち予想どおり、円を描くような首振り運動を始めました。この状態で床に置くと、やはりコロコロ移動していきました。さらに時間がたつと、こんどは伸縮運動に変わり、やがて動かなくなりました。5～6分間のできごとでした。

尻尾切りの理由

動物の自切現象は捕食者から逃げるためだったり増殖するためですが、ミミズの場合も食べられてしまう（捕食される）ことから身を守るために尻尾切りをするのに間違いなさそうです。

このことは、私も参加しているミミズの研究者の集いであるミミズ研究談話会が、2004年8月に開催した実習会において、オサムシがミミズを捕食する様子を観察して確認することができました。

実習会での観察は一瞬のうちにことが終わりました。2匹のオサムシがいる飼育箱にミミズを入れたところ、しばらくして1匹のオサムシがミミズに食いつきました。するとミミズは、すぐに食いつかれた尻尾を切りました。尻尾をくわえたオサムシはそこから離れましたが、もう1匹のオサムシがさらにミミズに食いついていき、ミミズは再び自切して、その場から逃れていきました。ミミズが続けて2回も自切したのには驚かされましたが、自切の目的、つまり生き残りは果たせました。

このようにミミズは捕食者から逃げるために自切することがあることがわかりま

したが、ホタルミミズの場合は、何らかの理由で自切ではなく、光ることを選択したのではないかと考えています。

フトミミズなどでは尻尾をピンセットなどでつまむと、上手に自切しますが、ホタルミミズを発光させるため尻尾をピンセットでつまんでもなかなか自切しません。ホタルミミズはあまり自切がうまくありません。そのかわり光る粘液を出すのではないでしょうか。

室内でホタルミミズを刺激した時、粘液を出しますが、それは数秒してから光ります。そうして出した光る粘液の点が最も明るいのです。夜間の野外で、ホタルミミズの出した粘液が光る場所にライトを照らしても、すでにそこにはミミズの姿はない場合が多くあり

ます。

捕食者に襲われそうになったホタルミミズはプッと明るく光る粘液を出します。すると襲おうとしたムシは「お、まぶしい。ビックリした。この明るい光は何だ。ミミズはそこにいるのだな」と思ったかどうかはわかりませんが、この時すでにミミズ自身は光る点を残し、逃げているのです。この時のスピードは意外と速いのです。

ホタルミミズはフトミミズの地中種と同様、分散（dispersal）または移住（colonization）、つまり生まれた場所あるいは現にすんでいる場所から動いて散らばり、種の分布域の拡大のため雨後の夜間に地表を移動すると考えられます。

そして、オサムシ・シデムシ・カマドウマなど地表の捕食者に遭遇した時明るい発光粘液を出し、発光する点に捕食者の気を引きつけ、混乱させて、その間に本人は逃げるのです。発光は捕食リスク軽減の手段と私は考えています。

もう1つ考えられる光る役割は、1匹が光ると他のミミズも光ったこともあったので、光は警戒信号であるのかもしれないのです。ミミズは、弱い光に反応する視覚細胞があるのですが、地表で捕食者に襲われた時光る粘液を出すことで、仲間に警戒するように伝えているのかもしれません。というのも、刺激したり傷つけたりするのではなく、普通に地表をはっていたり、雨に打たれたりしている時でも発光した、という報告があるからです。このように、なぜ光っているのかは現在のところほとんど解明されていません。今後も引き続き、なぜ光るのかについて研究を進めていきたいと考えています。

コラム

いろいろなミミズ 2

世界にいる何千種ものミミズの中には変わったミミズがたくさんいます。

私たちがよく見るミミズの色はピンク色や灰色ですが、オーストリアにいるミドリミミズは子供の時は白やピンク色をしていますが、成長するにつれ、その名のとおりきれいな緑色になります。

実は日本にも色々な体色をしたミミズがいます。中でもカンタロウミミズやヤマミミズといわれているシーボルトミミズは、濃い紺色をしています。このミミズは、まだ鎖国の続く江戸時代にドイツの医者シーボルトが採集したもので、今でもそのシーボルトミミズの標本がオランダの国立自然史博物館に保存されています。シーボルトミミズについては現在でも研究が進められ、紺色でないピンク色をしたものも発見されています。今のところ西日本にしかいないとされていますが、今後、東日本でも発見されるかもしれません。

ミミズはモグラや鳥に食べられるなど、やられっ

ミドリミミズ。(写真：Dr.Monika Germ)

ぱなしのように思えますが、結果的に防御になっている行動があります。日本にいるミミズでも驚かしたら体液を出しますが、オーストラリアにいるミミズは30㎝以上も体液を飛ばすそうです。その名も噴射（フンシャ）ミミズといいます。

北アメリカ西海岸の氷河や万年雪の中に暮らすミミズは、マイナス7℃から4℃の間以外では死んでしまい、室温では15分で体が崩れてしまうそうです。その名もコオリミミズと呼ばれています。

そして世界には、その長さが6m以上もあるものがいます。日本でも江戸時代の百科事典には4m以上のミミズがいたと書かれています。今でもどこかでひっそりと暮らしているかもしれません。

このように、ミミズの世界は謎と不思議に満ちているのです。

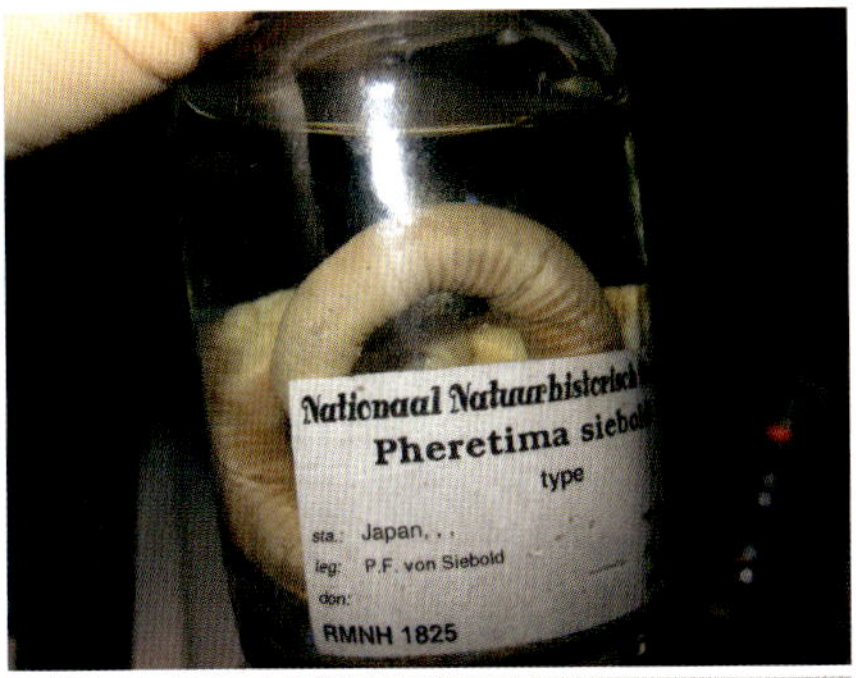

オランダの国立自然史博物館に保存されているシーボルトミミズの標本。

（写真：Mika Lehdonvirta）

コラム

役に立つミミズ ③

ミミズは、自然や人間の役に立っていることを知っていますか？

例えば、鳥や昆虫、魚やイノシシなど多くの動物がミミズを食料としています。

ミミズは薬にもなっていて、地竜《じりゅう》という漢方薬として古くから使われてきました。また、民間療法では、マムシにかまれた時や脚気、喘息《ぜんそく》に効くとされてきました。甲賀忍者の言い伝えによれば、敵を眠らせるのにミミズの粉を使っていたそうです。

みなさんがミミズの活用で思い出すのは、釣り餌ではないでしょうか。ちなみに、釣り餌として市販されているミミズは、繊維会社で綿花から糸を作る時に出る綿くずを餌として養殖されているものがあります。

暮らしの中で役に立っていることといえば、ゴミを有用な堆肥に変えるミミズコンポストがあります。台所から出た生ゴミをミミズに食べてもらい、そのふんを肥料にします。家庭ゴミだけでなく、ミミズは下水汚泥や家畜のふんの処理もできるのです。

農業でのミミズの働きは、土をかき混ぜ（耕うん）、栄養が含まれたふんをすることで、土をふわふわにします（団粒《だんりゅう》構造）。団粒構造の土は、適度に水を含み、水はけもよいという両方の性質をもっています。また、団粒構造の土は、作物の成長に役立つ微生物のすみかにもなります。

他にも、土の中の重金属を除去する働きがあったり、ミミズの動きを真似た下水道管内を調査するミミズロボットも作られています。

このようにミミズが私たちの暮らしに役立っていることはたくさんあるのです。

3章

ミミズ研究をしてみよう

ミミズの探し方・飼い方

これまでご紹介してきたように、ミミズは解明されていない謎がたくさんあります。まだまだこれからの分野だということは、みなさんもミミズに関して新しい発見ができる可能性があるということです。この本を読んでミミズに興味をもった人は、ぜひミミズの観察をしてみてください。3章では、観察のためのホタルミミズの探し方、飼い方をご紹介します。

ホタルミミズを探そう

ホタルミミズは人があまり活動しない冬の夜に活動し、また体長が3～4㎝前後と小さいことからなかなか見つからないミミズで、めずらしいものとされていました。しかし研究が進むにつれ、どこにでもいるようだということがわかってきました。

畑の土にはミミズがいることが多い。

ホタルミミズがいる場所

これまで日本国内では、本州、九州、四国、八丈島で発見されています。冬が始まる10月頃から翌年の5月頃までの間に見つかります。場所は、庭、公園、校庭、野球グラウンド、河川敷、駐車場、林道、畑、ビニールハウス内、プランター内、道路の植え込み、植木、畑など様々なところで発見されています。外国の例では、廃坑《はいこう》や植物園、コンポストの中、

たまった枯葉の下をかきわけてみよう。ミミズがいるかもしれない。

ミミズは、山と道路の際で見かけることが多い。

木くずの中などでも発見されています。つまり、土がある場所ならば、どこにでもいるということのようです。

山や林の際の枯葉がたまったようなところを探す

他の種類のミミズの場合と同様、ホタルミミズが見つかりやすい場所として、道路と山や林との境に枯葉などがたまったところがあります。移動してきたミミズが、それ以上、移動先がなく密集していて、また場合によっては、そこで繁殖しているところです。このため他の場所より見つけやすくなっているのです。さらにその場所が水分過多でもなく乾燥もしていなくて、他の種類のミミズやトビムシなどの土壌動物がいればホタルミミズもいる可能性があります。

　こうした場所には、大きさや形がホタルミミズに似たミミズがいます。フクロナシツリミミズとカイヨウミミズというミミズです。いずれも最終的には光るかどうかで見分けます。

枯葉の下の土を掘ると、ミミズを見つけられるだろう。

ふんを探す

ホタルミミズは地中に穴を掘り、地表にふんを積み上げます。でも、ホタルミミズは普通に見かけるミミズよりはだいぶ小さいため ふんも小さく1粒の大きさは1㎜以下です。それが数十個積まれ塊になっています。これをふん塊《かい》といいますが、このふん塊の直径と高さは最も大きいもので20㎜×15㎜くらいですが、高さも幅も3~5㎜程度のものが多いです。ただし、雨の降った直後ではふん塊が崩れている場合が多く、見つけにくくなります。

ふん塊は、藪《やぶ》の中にもあるようですが、その中に入って探すのは大変です。そこで左ページの写真のように草の間に土が露出しているような場所で探します。

そして、そのふんの下2~3㎝の土を掘ると、その中にホタルミミズが見つかります。また、ふんの横に小石がある場合はその下にいることがあります。写真で白丸の中にあるのがホタルミミズのふん、新しいと右側のふんのように湿っていて

ホタルミミズのふん塊。

黒っぽくなっています。

1粒のふんの大きさや太さが2～3㎜以上あるものはホタルミミズよりは大きい他の種類のミミズのふんです。しかし、ホタルミミズのふんと同じくらいの大きさの土の塊を出すミミズや他の生物もいます。1粒の大きさが同じ程度のものには、アリが地表に出した土がありますが、アリの場合は巣孔の出入り口に大量に出しますので、大量にあればホタルミミズではないことがわかります。

また、ホタルミミズのふんの1粒は、ほぼ真ん丸（よく見るとコンペイトウのようでもありますが）ですが、やや長細いふんを出すのは別種のクロイロツリミミズなどです。また、まぎらわしいものに、甲虫類《こうちゅうるい》の幼虫のフンがあります。よく見ると、ふんの1粒1粒の大きさがまばらで、丸くありません。さらにふん塊の中央には穴が開いています。しかし、このようにきれいにわかるのはめずらしく、わかりにくい時は掘ってみるしかありません。この他、ハエの仲間の幼虫も似たような土の塊を出します。

大きさ・形・色

大きさや形は、大人のミミズで太さが1～2㎜、長さが3～4㎝ほどで、大きいものでは8㎝近くのものもいます。全身乳白色をした半透明で、時には赤っぽかったり茶色だったりもします。また、大人になったホタルミミズの環帯はピンクがかったオレンジ色をしています。左ページの写真は、6月に見つけた環帯がふくらみピンクがかったオレンジ色になっているホタルミミズです。傷ついたり、驚かしたりした時体液が出てそれが黄緑色に発光します。

昼間は、周りが明るすぎて発光してもわかりません。だから、今までは夜、偶然、人が踏んだりして発光した時にしか見つかっていませんでした。

ミミズの見分け方

118ページ右の写真には、3匹のミミズが写っています。一番下のミミズは、頭部が赤く、ややとんがっていて、口先から環帯までの体節が20以上あり、尻尾が黄色いためツリミミズとわかります。上の2匹は、どちらかがホタルミミズで、もう片方がカイヨウミミズですが、一見しただけでは判別できません。

環帯がピンクがかったホタルミミズ。

さらにこの2匹を拡大したのが左下の写真です。赤っぽいのと、そうでないのとがあります。大体は、カイヨウミミズのほうが写真下側のミミズのように血管が鮮明で赤っぽく見えますが、ホタルミミズも中にはそのようなものもいます。したがって、外観だけでは区別がつきません。そこで発光させてみることになります。

暗いところで、ピンセットなどで尻尾をつぶさない程度に軽くつまんで刺激すると粘液を出します。すぐに出なくても、十数秒じっと待っていると出る場合があります。これが光ればまずホタルミミズに間違いありません。数分間は光っています。子供のミミズでも光ります。倍率の低い顕微鏡や実体顕微鏡で観察すれば弱い発光でも確認できます。

若干色の違いはあるが、それだけでは種類を判別するのは難しい。

一見しただけでは、皆、同じミミズに見える。

ミミズを刺激して、体液を出してみると……。ホタルミミズが光った！

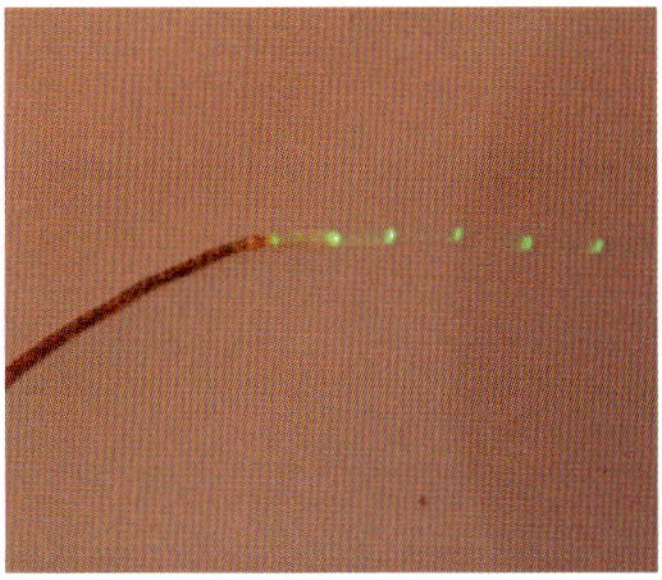

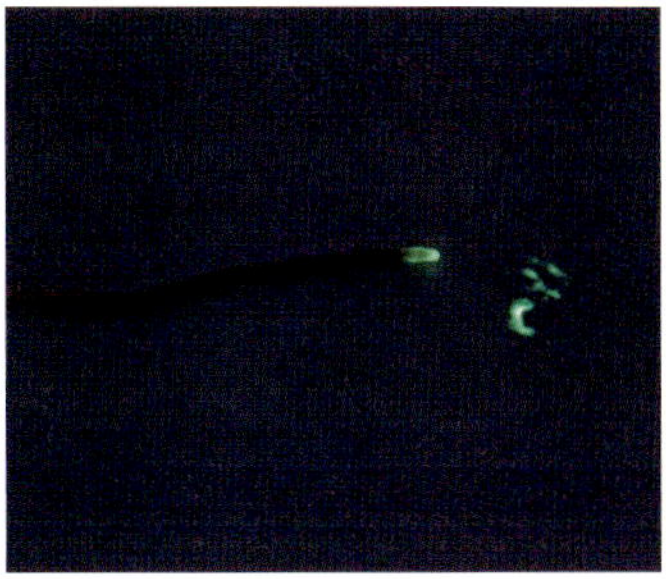

針で体表をつついて粘液を出させることもできますが、これだとミミズが弱ってしまいます。

ろ紙やティッシュペーパーを濡らしてその上で光らすと長く光っていますが、乾燥すると消えてしまいます。水分と空気の両方に触れていると長く光るようです。ある時、ホタルミミズの光る液がどれくらい光るか3人がかりで計ってみました。部屋を暗くして、ホタルミミズを軽く刺激します。ミミズが粘液を出し、光り始めた時から、3人で一緒に見ます。一人でも見えなくなったら終了という方法で計測を始めました。すると、弱い光ながら11分間光り続けたのです。見えなくなるタイミングも3人ほぼ同時でした。粘液は尻尾だけではなく全身のどこからでも出ます。ふんも光るように見えますが、実際にふんと一緒に肛門《こうもん》からも光る粘液が出るのか、それとも最後尾付近の体表面から出た光る粘液がふんにまとわりついているのかよくわかりません。同じように口からも光る粘液を出したように見える場合がありますが、同じようなことでよくわかりません。文献では両方から出ると書かれています。

ミミズは尻尾をトカゲのように自切できますので、光らそうとして誤って尻尾を切断しても生きています。ただ、ホタルミミズはあまり自切が上手ではなさそうなので、切れそうになったら思い切って切断したほうがよいようです。

ミミズの飼い方

採集したところの砂や土を通気性のよい容器に入れます。餌は特別なものはいりません。砂や土に含まれている有機物を食べています。最も気をつけなければならないのは、乾燥と水浸しです。特に乾燥は厳禁で、すぐに死んでしまいます。また、なるべく大きな容器ほど安定して飼育できます。

ホタルミミズを不織布《ふしょくふ》など目の細かい袋に土と一緒に入れて、日陰で雨のあたるところに置く飼育法が楽に育てられます。ちなみに私は洗濯ネットで飼育しています。最も簡単なのは植木鉢やプランターに土と腐葉土を入れ、ここにホタルミミズを入れる方法で、意外と逃げ出さないものです。あとは草花と同じです。排水はしっかりしておき、乾燥しないように水やりをします。私はこれで3世代の飼育に成功しています。

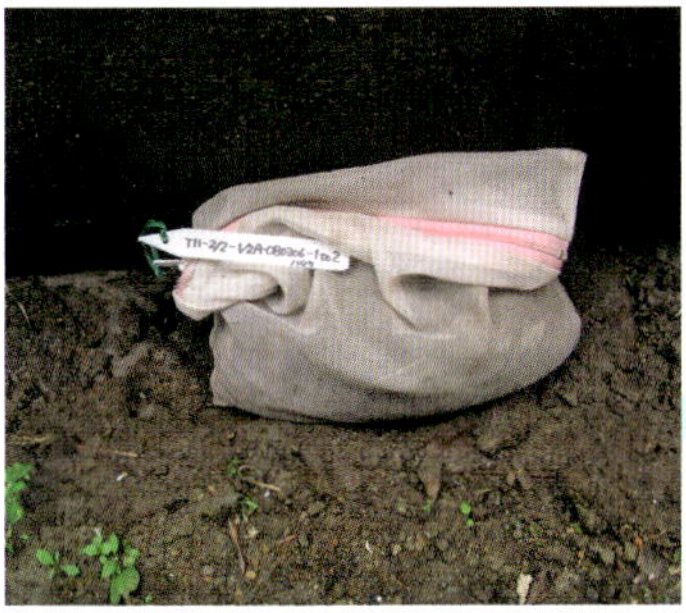

不織布や目の細かい袋に土と一緒にミミズを入れる。写真下は洗濯ネットを活用。

コラム

調査や実験の道具作り 4

上から3つは自作したピンセット。大きさや先端の太さなど使いやすいように工夫している。

ミミズに限ったことではありませんが、調査や研究、実験を行う時、いくらお金をかけてもいいというケースはほとんどありません。また、目的の研究にぴったりの道具や装置を購入しようと思っても売っていない場合もあります。そのような時は、自分で方法を工夫したり、道具を作ります。これがまた楽しいことでもあります。

私が最初に手がけたのが、ミミズをつかむピンセットです。一般的なピンセットは金属でできていますが、金属だとミミズをつかむ時、力の入れ方が難しくてミミズを傷つけたり、逆に滑って逃がしてしまったりします。

そこで考えて作ったのが竹製のピンセットです。竹の表面の適度なザラつきが滑らずミミズをつかめ、力の加減も竹のしなりがいい塩梅に働きます。自分でピンセットを作れば、それぞれの大きさや目的の硬さに合ったものが作れます。私のミミズ研究において、この自作ピンセットは必需品です。

採集したミミズを入れるボトル。小さな隙間からミミズが逃げるのを防ぐために、ボトルのふたに空気が通るように穴を開け、不織布でふさいでいる。

この本に出てきた ミミズの学名と命名者一覧

フトミミズ科　Megascolecidae

ヒトツモンミミズ *Metaphire hilgendorfi* (Michaelsen, 1892)

フトスジミミズ *Amynthas vittatus* (Goto & Hatai, 1898)

ハタケミミズ *Metaphire agrestis* (Goto & Hatai, 1899)

ミタマミミズ（アオキミミズ）*Metaphire soulensis* (Kobayashi, 1938)

シーボルトミミズ *Metaphire sieboldi* (Horst, 1883)

イソミミズ *Pontodrilus littoralis* (Grube, 1855)

フンシャミミズ *Didymogaster sylvaticus* (Fletcher, 1886)

ムカシフトミミズ科　Acanthodrilidae

ホタルミミズ *Microscolex phosphoreus* (Dugès, 1837)

ツリミミズ科　Lumbricidae

シマミミズ *Eisenia fetida* (Savigny, 1826)

フクロナシツリミミズ *Dendrodrilus rubidus* (Savigny, 1826)

クロイロツリミミズ *Aporrectodea trapezoides* (Dugès, 1828)

ミドリミミズ *Allolobophora Smaragdina* (Rosa, 1892)

カイヨウミミズ科　Ocnerodrilidae

カイヨウミミズ *Ocnerodrilus occidentalis* (Eisen, 1878)

ヒメミミズ科　Enchytraeidae

コオリミミズ *Mesenchytraeus solifugus* (Emery, 1898)

もっと知りたい君に！
ミミズのことがわかる本

ミミズ図鑑

石塚小太郎[著]
皆越ようせい[写真]
全国農村教育協会

日本初のミミズの図鑑。採集方法や生態写真、解剖図を使って種名を詳しく解説。また、採集法や標本作成法など、ミミズの研究に必要なテクニックも紹介。

ミミズのふしぎ

皆越ようせい
[写真・文]
ポプラ社

ミミズの知られざる不思議な世界を、豊富な写真を用いて紹介した1冊。ミミズの産卵や食事、越冬など、貴重なシーンが満載の写真絵本。

ミミズと土

チャールズ・
ダーウィン[著]
渡辺弘之[訳]
平凡社ライブラリー

進化論を唱えた博物学者ダーウィンの古典的名著。ミミズに興味をもったなら、読むべき1冊。ミミズの働きや生態、役割を明らかにしている。

ホタルの光は、なぞだらけ

光る生き物をめぐる身近な大冒険

大場裕一[著]
くもん出版

まだまだ謎の多い光る生き物の謎に迫った1冊。ホタルはもちろん、光るクラゲやミミズなども登場し、発光生物の見つけ方や、光のしくみを解こうとする活動を紹介。

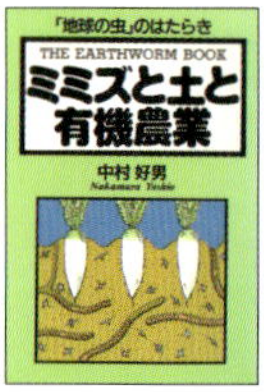

ミミズと土と有機農業

「地球の虫」のはたらき

中村好男[著]
創森社

土を耕す農業では、ミミズの存在が注目されることがしばしば。ミミズの種類や食性、生育場所など、ミミズのはたらきとよい土の関係をわかりやすく解説している。

ミミズ

嫌われもののはたらきもの

渡辺弘之[著]
東海大学出版会

長年ミミズを研究してきた著者が、ミミズの生態や生活、その働きや観察方法などを詳しく紹介。嫌われ者のミミズの見方が変わるかも!?

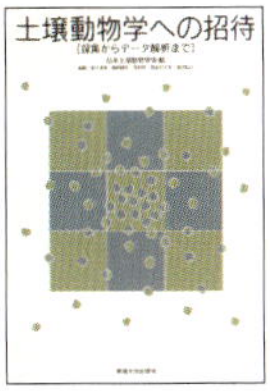

土壌動物学への招待
採集からデータ解析まで

日本土壌動物学会[編]
金子信博・鶴崎展巨・
布村昇・長谷川元洋・
渡辺弘之[編著]
東海大学出版会

大人向けの本だが、ミミズ研究者になりたい人は、がんばって読んでみよう。土壌動物を調べるために必要な手法もわかりやすく解説している。

土壌生態学入門
土壌動物の多様性と機能

金子信博[著]
東海大学出版会

生態学の視点から土壌にまつわる動物の研究を志す人に向けた1冊。少し難しいかもしれないが、土と生物の関係について理解を深めることができる。

参考図書

新日本動物図鑑［上］ 岡田要・内田清之助・内田亨監修　北隆館

日本産土壌動物―分類のための図解検索 青木 淳一編著　東海大学出版会

ミミズのいる地球 中村方子著　中公新書

土のなかの奇妙な生きもの 渡辺弘之著　築地書館

発光生物の話 羽根田弥太著　北隆館

ミミズの話 エイミィ・ステュワート著　今西康子訳　飛鳥新社

ミミズの博物誌 ジェリー・ミニッチ著　河崎昌子訳　現代書館

みみず 畑井新喜司著　改造社

動物系統分類学 第6巻 内田亨監修　中山書店

EARTHWORMS R.W.SIMS B.M.GERARD
The Linnean Society of London and the Estuarine and Brackish-Water Sciences Association

BURMESE EARTHWORMS G.E.GATES
THE AMERICAN PHILOSOPHICAL SOCIETY

岩波生物学辞典 第4版 八杉龍一・小関治男・古谷雅樹・日高敏隆編　岩波書店

あとがき

私は干からびミミズの謎から光るホタルミミズまで、長年ミミズウオッチを続けてきました。かつてホタルミミズは、希少なミミズと思われてきましたが、実は最も身近にいる発光生物なのかもしれないということがわかりました。

どこの庭にも、どこの校庭や公園にもいる最も身近なミミズかもしれません。冬に小さなミミズを見つけたら、暗いところでそっとピンセットでつまんでみてください。きっと黄緑色に光るのを見ることができるでしょう。そしてあなたも「謎」のとりこになるかもしれません。

本書『ミミズの謎』はこれでおしまいですが、ミミズにはまだまだ多くの謎があります。この本で扱ったこと以外でも、世界にどれほど大きなミミズがいるのだろうかとか、ミミズにオシッコをかけると大変なことになるというのは本当だろうかなど、私の中に謎はまだまだたくさんあります。その謎が解けたからといって、すぐに世の中の役に立つとは思えませんが、少なくともそうしたことを調べ、考え、新しい発見があることがとても楽しいのです。そうした楽しさを多くの人に知ってもらいたいというのが、この本を書く動機の1つでした。少しでもみなさんにワクワク感が伝われば幸いです。

柴田 康平（しばた　こうへい）

1949年兵庫県神戸市生まれ。神奈川県鎌倉市在住。武蔵工業大学で機械工学を学び東京都に就職する。機械技術系職員として、現在も下水道関係の仕事に従事。1999年よりミミズの研究に取り組んでいる。興味の対象はミミズにとどまらず、手作りの木のおもちゃや篠笛作り、熱帯果樹を種子から育てたり、マウンテンバイクで林道を走ったりと広範囲にわたる。

カバー・本文デザイン　小野口広子（ベランダ）
本文デザイン　杉本ひかり　北原曜子　望月佐榮子（以上ワンダフル）
イラスト　森雅之
編集協力　戸村悦子

写真提供　Monika Germ　廣田隆吉　Mika Lehdonvirta

協力　大場裕一　吉田宏　稲津賢和　今城香代子　加藤千春　吾妻正樹　湯本勝洋
渡辺弘之　金子信博　新島溪子　伊藤雅道　石塚小太郎　南谷幸雄　蒲生忍
三枝誠行　安野華英　馬場咲枝

ミミズの謎《なぞ》
暗闇《くらやみ》で光《ひか》るミミズがいるって本当《ほんとう》!?

2015年11月15日　発　行　　　NDC480

著　者　柴田康平《しばたこうへい》
発行者　小川雄一
発行所　株式会社 誠文堂新光社
〒113-0033　東京都文京区本郷3-3-11
（編集）電話 03-5800-3625
（販売）電話 03-5800-5780
URL http://www.seibundo-shinkosha.net/
印刷所　株式会社 大熊整美堂
製本所　株式会社 ブロケード

ISBN978-4-416-11520-6